U0369076

科技创投启示录

Venture Investing in Science

[美] 道格拉斯 · W. 贾米森（Douglas W. Jamison）斯蒂芬 · R. 韦特（Stephen R. Waite）◎著
桂曙光　于进勇　李潇◎译

在《科技创投启示录》中，两位作者将风投资金支持与物理、计算机、化学、生物领域的革命性进展直接挂钩，为当下变革时代的全球投资走向提供了积极的启发。清洁的空气和水，对不治之症的攻克，绿色的公共交通工具，更加便宜快速的通信技术——如今的风投资本在这些领域大有可为。贾米森和韦特聚焦于科技领域急需风投资金支持的初创公司，如量子计算、石墨烯、精准医疗等方向。这种基于科技的商业化创新能够重振经济活力，进而造福社会。

这本书是作者在深度科学领域几十年风险投资经验的结晶，是美国投资人对现状的担忧、对未来的思考。中国的创业者、公司高管、投资人及政策制定者，也要思考科学投资的价值及意义，以及如何切实推动这方面的工作。

北京市版权局著作权合同登记　图字：01-2017-5973 号。

图书在版编目（CIP）数据

科技创投启示录/（美）道格拉斯・W. 贾米森（Douglas W. Jamison），（美）斯蒂芬・R. 韦特（Stephen R. Waite）著；桂曙光，于进勇，李潇译. —北京：机械工业出版社，2018.4

书名原文：Venture Investing in Science

ISBN 978-7-111-59405-5

Ⅰ. ①科…　Ⅱ. ①道… ②斯… ③桂… ④于… ⑤李…　Ⅲ. ①科学技术—技术投资—风险投资—研究　Ⅳ. ①G301

中国版本图书馆 CIP 数据核字（2018）第 050121 号

机械工业出版社（北京市百万庄大街 22 号　邮政编码 100037）
策划编辑：李新妞　　责任编辑：廖　岩
责任校对：李　伟　　责任印制：孙　炜
北京中兴印刷有限公司印刷

2018 年 4 月第 1 版第 1 次印刷
170mm×242mm・13.5 印张・184 千字
标准书号：ISBN 978-7-111-59405-5
定价：59.00 元

凡购本书，如有缺页、倒页、脱页，由本社发行部调换

电话服务	网络服务
服务咨询热线：010-88361066	机 工 官 网：www.cmpbook.com
读者购书热线：010-68326294	机 工 官 博：weibo.com/cmp1952
010-88379203	金 书 网：www.golden-book.com
封面无防伪标均为盗版	教育服务网：www.cmpedu.com

译者序

Venture Investing in Science

桂曙光

京北投资创始合伙人、天使茶馆创始合伙人

最近几年，随着国内多层次资本市场的逐步落实与完善，以及创新创业浪潮一浪高过一浪，创业投资或风险投资（VC）这个行业也得到了迅猛的发展，并在促进创新、推动经济发展方面，起到了非常大的作用。

VC行业进入中国已经快30年了，中国也成为了全球仅次于美国的风险投资市场，但中国的风险投资与美国的风险投资类似，也面临资本向软件相关领域迁移的问题。更多的资本在追逐那些能够短期获得收益的软件类创业公司，或者是那些能够很快获得收入、利润的商业模式创新类公司，很少有投资机构关注科学或科技研发类创业公司。

普遍观点认为，美国和以色列处于世界科技创新之巅，基于科学的发明和创新又是经济焕发活力的基础，而风险投资就一直是科技创新成果商业化进程的关键因素。但现在，风险投资的重心落在社交、游戏、娱乐等应用型软件领域。这种现状，导致美国公开资本市场的结构和运作发生根本变化，从而影响到了经济活力。

媒体的焦点常常落在一些读者能够看到、体验到的热点领域，比如共享经济、移动终端、文化娱乐、电商购物、消费升级等，关注其中越来越多的独角兽创业公司和年轻的亿万富翁创始人（诸如“30岁以下”之类的抓人眼球的字眼）。这种短期创业和投资的明星效应，突显了科学研发与商业化的割裂。满大街的共享单车与实验室研发了十年的癌症疫苗，哪个更有价值？ 或者更值得投资？ 一家做 DNA 测序外包的公司与一家创造解码 DNA 序列机器的公司，两者之间的投资价值或回报有什么不同？ 一位做共享充电宝的创业者与一位做电池储能新材料的创业者，哪位更值得支持？ 可以肯定的是，从短期来看前者更能创造一定的经济和社会价值，但更多长期的回报将来自于现在正在做基础研究和将研究成果进行商业化的公司。

随着 2017 年 AlphaGo 在围棋上击败世界冠军，以及 AlphaZero 通过三天的自我学习，压倒性击败 AlphaGo，越来越多的创业者和投资人开始把眼光投向深度学习和人工智能领域。 这是一个好的迹象！ 谷歌、特斯拉、百度等新兴科技公司及优秀的传统汽车企业通用、大众、丰田等都在大力布局无人驾驶，这是一个很快会爆发的人工智能应用领域，并且能为经济和生活带来翻天覆地的改变。

从科学走向技术，从技术走向产品应用（商业化），这从来都不是一件容易的事情。 我们有众多的大学和科研院所，近几十年来，花费了大量的人力财力，积累了大量的科研成果，但直接变成生产力及产生经济价值的并不多，真正让参与其中并付出努力的人获得收益的就更少了。 幸运的是，现在有越来越多伟大的科学家和创业者，他们有勇气忽视外界的不理解或不支持，并愿意创立自己的公司，来展现自己的工作成果。

现在也有一些风险投资机构，选择投资“硬科学”领域（如量子计算、材料科学、核能、生物医学等）或“硬科技”领域（如无人机、无人驾驶、精密制造、精准医疗等），这是需要一定的勇气和专业性的。 本书中，贾米森和韦特解释了深度科学领域风险投资的巨大收益背后的原理。

这本书是作者在深度科学领域几十年风险投资经验的结晶，是美国投资人对现状的担忧、对未来的思考，内容适合很广泛的人群。 中国的创业者、公司高管、投资人及政策制定者，也要思考科学投资的价值及意义，以及如何切实推动这方面的工作。

希望本书能够给读者提供一点启发和借鉴！

推荐序

Venture Investing in Science

马克·安德森（Mark Anderson）

硅谷著名投资公司 Andreessen Horowitz 创始人

现在风险投资模型的数量，可能与世界上风险投资家的数量一样多，但是根据它们的目标，我们很容易将它们的利益和影响进行分类。 不幸的是，在我们生活的时代，传统的偶像、行业和过去常见的风险分配模式已经改变，成为包括短期的、通常是欺骗性的游戏（如果有利可图）的模式。

随着越来越多的独角兽（价值 10 亿美元或更高）初创公司的出现，这种转变显而易见，这些公司的估值仅仅是基于社交层面，除了夸大的广告统计数据之外，没有什么收入。 这种新的行为方式背后所固有的真正风险已有早期迹象，即一群风险投资机构进入，它们在交易中似乎不考虑价格，然后便产生影响。

尽管没有哪位优秀的资本家会批评其他资本家最大化投资回报的企图，但在短期投资（比如无利润的全球社交应用）与道格拉斯 · 贾米森和斯蒂芬 · 韦特所谓的“深度科学投资”之间，出现了一个明显的分裂。 把一美元投资给 Twitter 与投资给第一种癌症疫苗，这两者之间在金融、经济、社会甚至政治上的差异是什么？ 投资一个起源于哈佛大学、对女生进行排名的应用程序（这个应用程序最后变成了 Facebook），与投资勒罗伊 · 胡德（Leroy Hood）创建的解码 DNA 序列机器，这两者之间的价值或回报有什么不同？ 当然，Facebook 的隐私侵犯和广告收入产生了更多的短期资金，但专家们怀疑这类应用程序实际上是否有助于提高生产力。 可以肯定的是，更多长期的回报将来自于现在正在从事基因研究以及将这一知识与医学联系起来的数以千计的公司。

世界上正发生的一系列重大变迁，导致了投资人自身利益的巨大分化、经济活动与结果之间的大规模分裂，以及这些经济活动产生的利益类型与条件的大范围分裂。我们可以很容易地确定，提高生产的科学及技术与提高消费的科学及技术之间的区别。例如，生产东西的人使用个人电脑、工作站和笔记本电脑，而消费东西的人使用平板电脑和智能手机。

是否有可能大多数投资人只不过是利用巨大的网络、服务器和应用程序，对新兴的消费文化做广告推销?

与一个世纪前或更早相比，我们今天所从事的科学研究中也存在着同样的分裂。除了许多伟大的成就之外，今天科学的发展似乎是渐进式的，更侧重于同行之间的审查和获得团队的认可，而不是进行浪潮式和革命性的发现。本书中的图表描绘了过去数百年科学的发展和焦点，从量子力学领域的发现到科学在技术和产品开发领域的应用。我们是否正在从科学走向技术，从基础研究到渐进发展，从基本知识的结构转变到“打扫尘土”?

1905年，被称为爱因斯坦的“奇迹之年”。仅仅在这一年，这位年轻且毫无名气的专利审查员发表了四篇论文，永远地改变了科学。在这些论文中，他涉及的领域包括量子力学、狭义相对论、核科学和证明原子存在的统计科学。

这听起来像是现在读者记得的任何一个年份吗?不太可能。如果我们注意到，同年代的10年或20年之间，像尼尔斯·玻尔（Neils Bohr）、路易·德布罗意（Louis de Broglie）、马克斯·普朗克（Max Planck）、沃纳·海森堡（Werner Heisenberg）和保罗·狄拉克（Paul Dirac）这样的科学家做出的贡献，那么我们就会疑惑，他们的继承者在哪里?那个时代如何聚集如此众多的杰出科学家和他们的发现?或者为什么这种聚集并不常见?如果不深入探讨这些更深层次的问题，我们就无法了解加强我们在深度科学上工作的重要性，以及深度科学对人类知识和社会的价值。

幸运的是，现在有一些伟大的科学家和创业者在工作。事实上，在一个纯粹的学者（普朗克、海森堡）或业余爱好者（牛顿、伽利略）驱动科学发现的时代之后，前文提到的分裂催生了现代科学家/企业家。这是一个特殊的天才群体，他们有勇气忽视同行的不理解或不支持，并愿意创立自己的公司来让别人了解自己在科学上的工作成果。

这种情形是现在风险投资人所面临的机会，无论他们是个人天使、风险投资机构、私募股权基金，还是寻求利益的跨国企业。通常来说，风险投资机构在“硬科学”领域（如量子计算、材料科学、核能或替代能源、精准医疗、非冯·诺依曼架构以及深度学习）或“软”领域（如社交网络、游戏甚至电视节目）间选择投资方向。在《科技创投启示录》一书中，贾米森和韦特解释了深度科学领域风险投资的巨大收益背后的原理。这种投资不容易，通常也不够快，不适合每个人，因为这些投资的时机很早。

对于有智力和耐心的投资人来说，为了让自己的钱换来最大的价值，长期投资于深度科学，是一条值得选择的道路。

自序

Venture Investing in Science

本书是我们在所谓的“深度科学”领域几十年风险投资经验的结晶。 在此期间，我们设立、创建、投资、协作了一批深度科学公司，并带领它们在美国资本市场上市。 另外，我们做到这些，是通过一家投资中介，其自身是一家美国小规模的上市公司。 我们在前沿工作中，观察到本书所分析和介绍的科技趋势，读者阅读本书并从中受益，并不需要是一位风险投资人或拥有创业投资的实务经验。 我们相信，本书的主要内容适合很广泛的人群，包括创业者、公司高管以及政策制定者。 本书的写作方式也是针对这些读者的。

我们的主要话题很简单。 过去十多年，促进美国经济活力的基于深度科学的发明和创新，其商业化核心进程出现了崩溃。 自第二次世界大战以来，风险投资就一直是美国深度科学商业化进程的关键因素，但现在正逐步从深度科学领域向软件领域迁移。 这种转变，导致了风险投资多样性的崩溃。

风险投资多样性的崩溃，发生在美国公开资本市场的结构和运作发生根本性变化的时期。 总体来说，资本市场的这些变化抑制了早期深度科学公司的融资。 结果，随着时间的推移，对提高生活水平至关重要的经济活力在下降。

本书由七章内容和两个附录（风险投资在深度科学领域的真实案例研究）构成。 引言部分对本书的主要内容做了总体的概述，第 1、2、3 章为读者提供了关于深度科学与科技变革的进展及其对经济发展的深刻影响方面的历史背景，以及美国风险投资的起源和演变。 这些历史背景有助于读者对本书主要观点有更好的理解和评价，对科学、技术变革和风险投资历史非常熟悉的人可以粗略地浏览。

第 4 章讨论了风险投资多样性的崩溃；第 5 章阐述了美国公开资本市场的转变，这种转变阻碍了风险投资在深度科学领域的参与并削弱了美国经济的活力；在第 6 章，我们审视了深度科学领域的一些新兴趋势，只要我们能找到一条让风险投资回归多样性的道路，这些趋势就可以带来经济的增长和繁荣。

最后一章，我们总结了本书的主要观点，并讨论了对未来的一些潜在影响。附录是深度科学领域风险投资的两个案例：D-Wave 系统和 Nantero。

我们希望，本书的内容能提供一个基础，让大家进一步探讨深度科学领域的风险投资对美国经济活力乃至对全球经济活力的重要性。

尽管我们讨论的是一些不好的投资和经济趋势，但我们的天性促使我们相信理性的乐观、希望以及财富自由的实现，这些将促进美国社会的繁荣和普遍福利。认同本书主要观点，并有兴趣帮助推动深度科学领域发展的风险投资人士，请通过邮箱 VIISBook@gmail.com 联系我们。

致 谢

Venture Investing in Science

感谢出版人迈尔斯·汤普森（Myles Thompson），让我们有机会因这本书与哥伦比亚大学出版社建立起合作关系。我们的编辑斯蒂芬·韦斯利（Stephen Wesley）在出版手稿的准备上提供了巨大的帮助，我们对此表示诚挚的感谢。我们哈里斯集团（Harris & Harris Group）的同事对研究和撰写这本书给予了工作支持，我们感谢他们所有人。我们同时还希望感谢 D-Wave 系统公司的 CEO 弗恩·布劳内尔（Vern Brownell）和 Nantero 公司的联合创始人及 CEO 格雷格·施默格尔（Greg Schmergel）在附录的案例学习中给予合作与帮助。我们的家人一直是支持和鼓励的源泉，对于你们所做的一切，我们无法用语言来表达感激之情。

目 录

Venture Investing in Science

引言 深度科学领域的风险投资

Venture Investing in Science

如果没有科学的进步，在其他方向上的任何成就都无法保障一个现代世界的国家的健康、繁荣和安全。

——范内瓦·布什[㊀]

20 世纪 50 年代是美国的一段叛乱和实验时期，这源于第二次世界大战后的狂喜和冷战的偏执。在这个时期，出现了基于科学并受到风险投资支持的强大技术。植根于科学并获得风险投资支持的技术，一经出现就改变了创新和商业的进程，同时从根本上逐步改变了经济结构。在强大的新技术之中，计算机和其他电子设备最终改变了人们的生活、工作和娱乐方式。

这个时期，最杰出的风险投资成功案例可以说是 1957 年创立的数字设备公司（DEC，Digital Equipment Corporation）。DEC 的诞生源自于美国国防部（Department of Defense）给麻省理工学院（MIT）林肯实验室提供的资助，这家实验室创建的目的是为冷战开发新的计算机技术。DEC 的蓬勃发展，是因为采用了 20 世纪 50 年代另外一项伟大的深度科学成就——由贝尔实验室（Bell

㊀ 范内瓦·布什（Vannevar Bush，1890.3.11—1974.6.30），美国著名工程师、科学家管理者，美国罗斯福总统的科学顾问。他组织和领导制造了世界上首台模拟电子计算机、第一颗原子弹（著名的“曼哈顿计划”），先后参与了氢弹的发明、登月飞行等众多重大科学技术工程。——译者注

Labs）的三名工程师发明的晶体管。

DEC 的创始人肯尼斯·奥尔森（Kenneth Olsen）和哈兰·安德森（Harlan Anderson）相信，使用晶体管可以开发出更快速、更高效且更小型的计算机。微型计算机的诞生，就是为了与 IBM 创造的体积巨大、价格昂贵的真空管大型计算机竞争。

美国第一家风险投资机构——美国研究与发展公司（American Research and Development，ARD），在 1957 年给 DEC 投资了 7 万美元，并控制了公司 70%的股份。1966 年，DEC 完成首次公开募股（IPO），募集资金 800 万美元。按照 IPO 的发行价格计算，最初的 7 万美元的价值增加了 500 多倍。到 1967 年夏，DEC 的股票价格从 IPO 时的每股 22 美元，飙升到超过 110 美元。第一家风险投资支持的"本垒打"创业公司诞生了。微型计算机是计算革命的开端。这场革命还在持续，正在不断引入新的移动和增强现实计算技术。深度科学被转换成技术、创新和巨大的财富。

20 世纪下半叶，美国经济中一股强大的动力出现在 VC 和企业家之间，他们在科学研究和发展（R&D）中发挥了重要的作用。很多现在的消费者视为理所当然的技术和企业，都是风险投资的成果，包括安进（Amgen）、苹果、基因泰克（Genentech）、谷歌、惠普、英特尔和微软。

第二次世界大战之后，风险投资在美国崛起，并且已经成为促进研发实现更大回报的关键要素。过去 50 年里，美国 VC 募集了超过 6,000 亿美元的资本，即平均每年 120 亿美元。与一般经济活动每年数万亿美元的规模相比，这个相对很小的数字可能会让读者轻视。在今天的华尔街，有一些独立的投资经理，他们掌管的资金量甚至超过美国 VC 在过去 60 多年募集的资金总额。但是不要被这些数字误导——尽管美国 VC 募集的资金数额相对较少，但是对美国和全球经济的影响是令人叹为观止的！

表 0－1 是一份风险投资支持的独立上市公司数量和影响力的统计摘要，这些公司都是成立于 1974 年之后。表中的统计数据不言自明地道出了很多事实。风险投资支持的公司占研发总支出的 85%、占总收入和总就业的将近 40%、占股票总市值的 60%以上。如此小规模的资金池，能够对经济活动产生如此巨大

的影响，真是令人吃惊。

从本质上来说，风险投资（或称为“创业投资”）是有风险的，几乎所有的——大约90%——创业公司会失败。 VC了解对新公司进行投资背后的高风险本质，但他们是天生的冒险者。 他们将手中的资金投给那些小额投入可能带来巨大回报的公司。 风险投资非常适合于那些将变革性技术商业化的创业公司的发展。

表0－1　成立于1974年之后的上市公司中风险投资支持的公司

	风险投资支持的公司	百分比	所有上市公司总计
数量	556	42%	1,339
企业价值/亿美元	41,360	58%	72,000
市值/亿美元	43,690	63%	69,380
员工数	3,083,000	38%	8,121,000
收入/亿美元	12,220	38%	32,240
净利润/亿美元	1,510	61%	2,470
研发投入/亿美元	1,150	85%	1,350
总税收/亿美元	570	59%	980

注：所有数据都截至2014年。

资料来源：Will Gornall and Ilya A. Stebulaev，“The Economic Impact of Venture Capital: Evidence from Public Companies”，Stanford University Graduate School of Business Research Paper No. 15－55, November 2015.

获得风险投资的公司在研发上投入很大，目前全美国上市公司的研发开支中，风险投资支持的公司占比超过40%。 这些开支不仅给这些公司创造了价值，还给整个美国经济、世界经济创造了价值，这就是经济学家所指的“正溢出”（positive spillovers）。

美国风险投资行业的出现和成熟，与实际的国内生产总值（GDP）的快速上升同时发生（见图0－1）。 与风险投资相关联的研发所带来的回报，将美国的生活水平提升到了一个新的高度，并在此过程中从根本上重塑了商业与经济的格局。

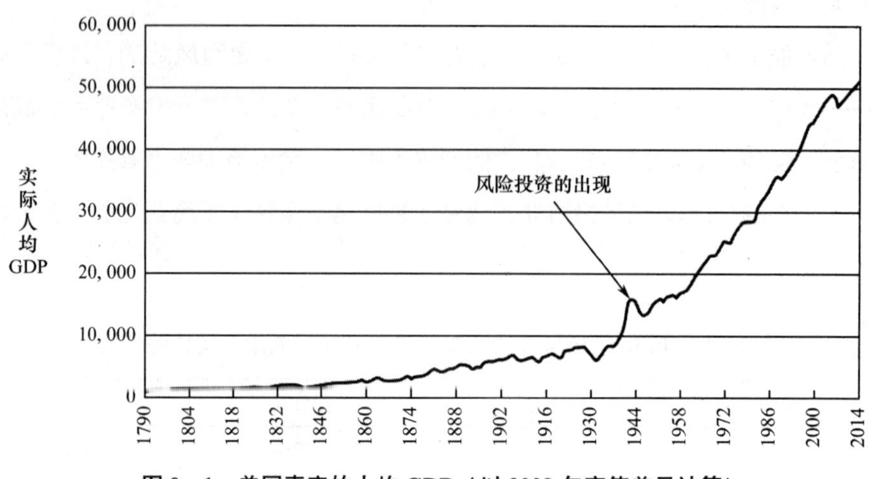

图 0－1　美国真实的人均 GDP（以 2009 年定值美元计算）

资料来源：MeasuringWorth. com

风险投资及研发的回报

美国战后时期的经济繁荣，来源于若干因素，涉及公众及私人领域，其中最主要的是科学的进步，在计算与通信、医药、运输、能源、消费品等领域，创造出了一系列创新型的商业产品和业务。

与深度科学相关的研发、技术变革以及经济活力之间，存在着怎样的关系呢？

在经济文献中，如标准的柯布—道格拉斯生产函数（Cobb-Douglas production function），生产是资本输入（K）、人力输入（L）和研发输入（R）的输出结果，展示了输出与输入的函数有关。图 0－2 所示为经济投入与产出之间的关系。

每一项输入，比如研发（R），都有一个与之相关的弹性因素（α），比如，R^{α}。弹性指的是特定输入项的变化在输出项上产生对应的变化，通常以百分比表示。在生产的标准经济模型中，在特定的资金和人力情况下，研发（R）的增加会导致总体输出项的增加。增量等于增长率乘以输出项的弹性（α）。弹性因素是回报，回报构成对于研发在产出和生产力方面的影响非常重要。

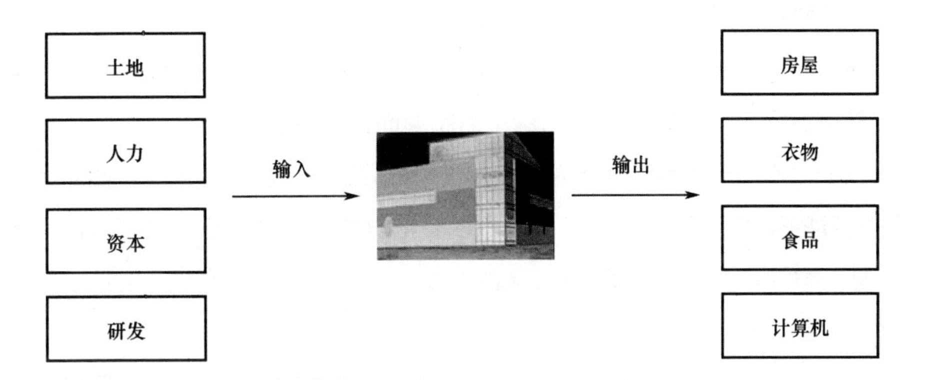

图 0-2　经济投入与产出之间的关系

历史上，研发回报的减少影响了产出和生产力。如果研发没有由实验室转移、提炼或传播进入市场，那么对产出和生产力的影响可能会很小。如果没有一套系统去全面实现在商业应用上的价值，研发就可能不会使生产力或成长性获得重大提升。[1]

美国联邦政府通常与学术机构、企业、风险投资家以及他们所支持的创业者合作，长期支持科学研究和技术开发。基于科学的技术开发及随后的商业化，各类公共机构及私人机构之间的相互作用在图 0-3 中做了描述。

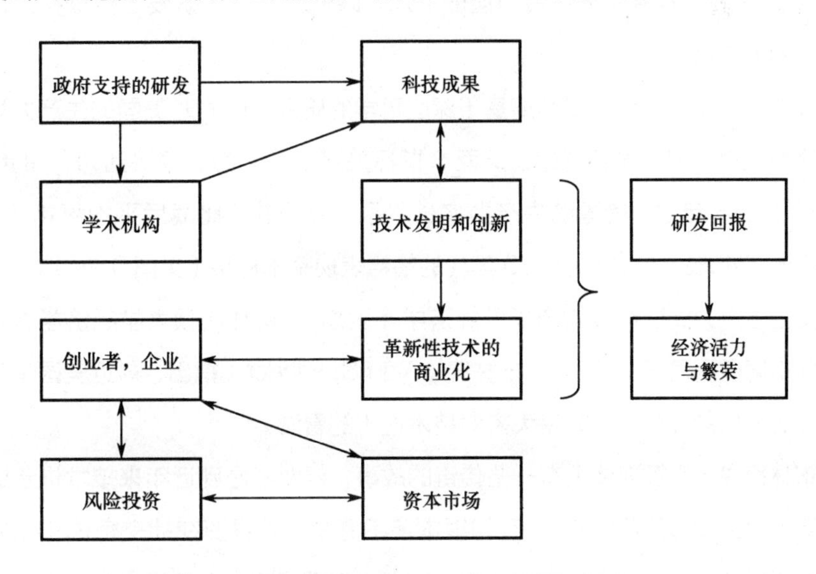

图 0-3　公共机构及私人机构之间的相互作用

美国联邦政府无法挥动魔杖产生研发回报，事实上，在美国产生创新和繁荣的生态系统是多样化的。 尽管生态系统中产生研发回报的各种成分都很重要，但风险投资作为最具活力的催化剂脱颖而出。 甚至，有些欧洲、亚洲及世界其他地方的政策制定者认为，风险投资在促进经济增长和繁荣方面起到了至关重要的作用。 第二次世界大战之后多年的数据记录显示，风险投资在促进基于科学进步的、充满希望的、高风险的、变革性的创新方面，发挥了关键的作用。

过去60多年，尽管风险投资促进了变革性技术的发展与商业化，但在21世纪的前20年，风险投资业务出现了明显的转变，即从支持基于深度科学的变革性技术，向聚焦软件投资迁移。 尤其是科学研发项目获得的美国风险投资家的关注和支持逐渐减少，政府支持的比例越来越大。 在第4章讨论的这种趋势正在发生，被复杂性科学家称为“多样性崩溃”问题。

美国风险投资的这种显著变化，背后有很多原因。 与这种变化相关的一个主要受关注的问题，是科学相关研发的回报潜力在降低。 目前，政府向基于深度科学的研发投入数十亿美元的资金，而风险投资家却在逐步远离深度科学的投资。 风险投资在软件领域投资力度的增加，降低了政府在研发上持续投入所产生巨大回报的潜力。

过去十几年，风险投资远离基于深度科学的研发，而同时美国的生产力增长和经济增长也出现了显著减速，这两个指标是我们称之为“经济活力”[2]的组成部分。 过去十年里，美国的生产力增长水平一直疲软，比战后平均每年2.2%的速度低了40%，与20世纪70年代的糟糕表现基本持平（见图0-4）。

美国生产力的这种疲软增长令经济学家困惑。 普林斯顿大学经济学教授、联邦储备局前副局长艾伦·S. 布林德（Alan S. Blinder）指出，最近美国生产力增长放缓背后的神秘原因，是大家对技术进步的看法。[3]

布林德说，尽管媒体上有一些传奇的故事，但要考虑到近年来技术进步的速度实际上已经放缓的可能性。 我们根本还不清楚风险投资在社交媒体和软件应用领域的投资（比如Twitter和Snapchat），在相同的人力和资本输入情况下，是否会促进更多的产出——这就是经济学家定义的技术进步。 布林德指出，有些网络服务把以前的生产工作时间转变为变相的休闲时间或者就是浪费时间，这样甚至可能会降低生产力。

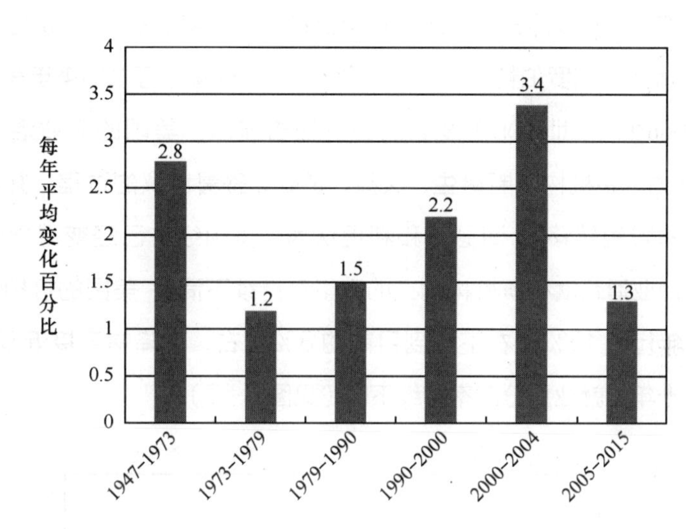

图 0－4　美国（非农）商业领域生产力增长

资料来源：美国劳工统计局。

旧金山联邦储备银行的约翰 · 弗纳尔德（John Fernald）和西北大学的罗伯特 · 戈登（Robert Gordon）是两位生产力方面的专家，他们认为信息技术带来的最大生产力提升在几年前已经出现，最近的技术发明带来的生产力提升与之相比就太小了。在他的新书《美国增长的起伏》（*The Rise and Fall of American Growth*）中，戈登观察到经济的增长不是一个以固定速度创造经济进步的稳定过程。他认为，经济进步的速度在不同时期会快慢不一：“我们的中心主题是，有些发明比其他发明更重要，在 19 世纪晚期国内战争之后，通过独特的方式聚集我们所谓的‘伟大发明’，带来了革命性的世纪。”[4]

在戈登看来，最近经济增长的下滑是因为科学进步被限制在一个狭窄的活动领域之内，专注于娱乐、通信以及信息收集和处理。将 Facebook 与早期互联网对比，或者将苹果手表与个人计算机对比，也许创造力并没有减弱，但风险投资家支持的技术和创新的生产力可能已经减弱了。正如马里兰大学的经济学家约翰 · 霍尔蒂万格（John Haltiwanger）所指出的那样，还有经济证据表明，与过去相比，美国公司现在带动和重新分配的人力正在减少。[5]这些事情的不利之处在于缺乏创业活力，反过来又减缓了效率的提高。

美国经济活力减弱的迹象，预示着企业将面临更多的挑战。伊恩·海瑟威（Ian Hathaway）和罗伯特·E.利坦（Robert E. Litan）于2014年在布鲁金斯学会（Brookings Institution）发表的一份报告显示，美国的商业活力正在放缓。[6]商业活力就是机构不断诞生、失败、扩张、签署协议的过程，并伴随着工作的创造、摧毁和转移。海瑟威和利坦认为，美国经济已经变得创业精神不足，表现在商业活跃度和新机构创立的数量在持续下滑。美国的机构进入率从20世纪70年代的15%左右下滑到目前的8%左右，下降幅度接近50%。另外，过去几十年的就业重分配率持续下降（见图0-5）。

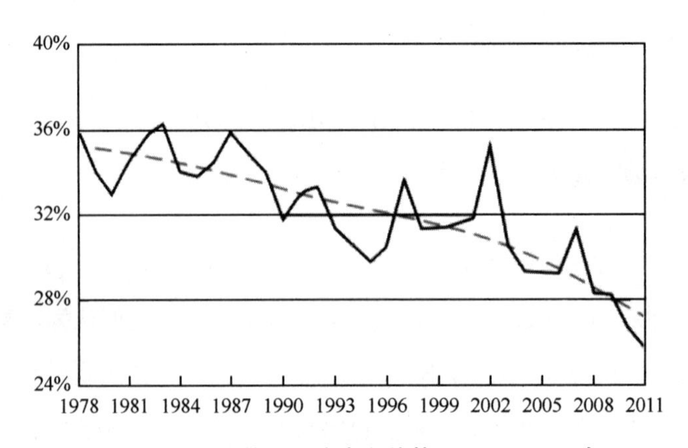

图0-5 美国就业下降率和趋势，1978—2011年

注：趋势的计算采用乘数为400的Hodrick-Prescott滤波。

资料来源：U.S. Census Bureau; Robert E. Litan and Ian Hathaway, “Declining Business Dynamism in the United States: A Look at States and Metros”, Brookings, May 5,2014; author's calculations.

美国商业活力的下降不是独立现象，在几乎所有的重要行业领域，包括生产制造、运输、通信以及基础设施等，机构进入率和重新分配率都在减缓（见图0-6）。

海瑟威和利坦的总体研究结论很清晰：美国的商业活力和创业精神正经历一

个令人不安的长期衰退。 成立时间更久、规模更大的公司，运营得比年轻、小规模的公司更好，但小规模、高成长的公司在新就业机会创造上占据主导地位。无论是机构还是个人，似乎更倾向于规避风险——公司都在紧抓现金，创立公司的人越来越少，而工人们不太可能跳槽或换岗。

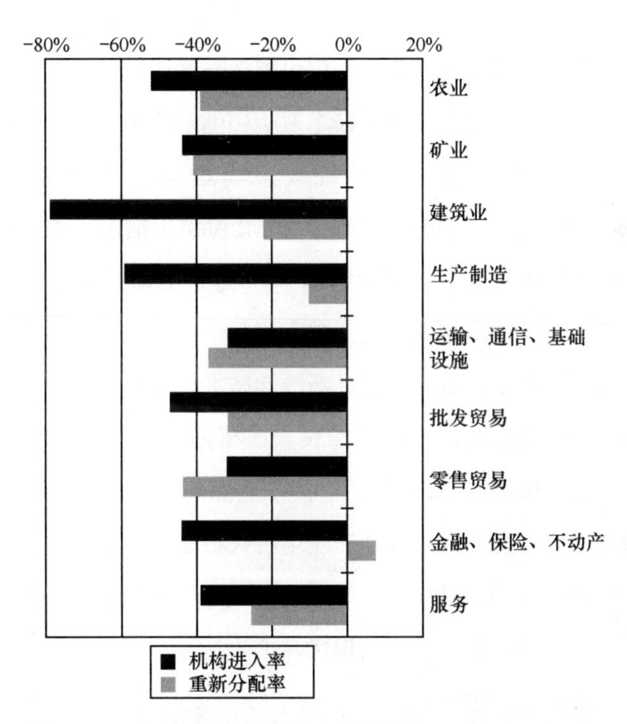

图 0-6　分行业的商业活力变化百分比，1978—2011 年

资料来源：U.S. Census Bureau; Robert E. Litan and Ian Hathaway, “Declining Business Dynamism in the United States: A Look at States and Metros”, Brookings, May 5,2014; author's calculations.

詹姆斯 · 索诺维尔基（James Surowiecki）最近的一篇文章证实了商业活力中的这种问题，文中引用约格 · 古兹曼（Jorge Guzman）和斯科特 · 斯特恩（Scott Stern）的研究成果：尽管人们正在积极地创立高成长型机构，但它们不像过去那样经常成功。[7]索诺维尔基认为，这是因为现有机构的力量增强了。 海瑟威和利坦也同样指出，过去 30 年美国工业日益集中化，现有机构几乎在每个商业领域都变得更为强大。

布鲁金斯学会的这项经济研究没有提及风险投资分配上发生的前所未有的变化，这种变化阻碍了科学研发的回报，也没有讨论过去几十年来美国资本市场的重大监管变化和变迁，这给小型创业公司造成了强大阻力。我们在第 5 章中讨论了这些不利因素，随着时间推移，它们制约了美国经济中最具活力的部分，并且降低了经济活力。

生产力放缓是一个主要问题，至于这可能意味着什么，此时此刻要得出任何明确的结论都为时过早，因为来自于技术发明和创新的生产力回报往往不会立竿见影。麻省理工学院斯隆管理学院教授埃里克·布莱恩约弗森（Erik Brynjolfsson）和安德鲁·麦卡菲（Andrew McAfee）指出，蒸汽机经过了几十年的改进之后，才达到推动工业革命的水平，[8]最近的新数字技术成果很可能需要数年和几十年时间，才能实现更高的效率和繁荣。

布莱恩约弗森和麦卡菲认为，要让新数字技术得到充分利用，经济环境必须要有利于创新、新公司创立以及经济增长。他们关注五个大的领域：教育、基础设施、移民、创业精神和基础研究。关于后面两个领域，创业精神是创造新工作的关键催化剂；在企业最近集中于应用研究和渐进式变革的情况下，基础研究需要政府的支持。过去 20 年来，非国防的联邦研究与发展支出占 GDP 的比重下降了 1/3 以上，这一事实也令人担忧。

风险投资家及金融作家乔治·吉尔德（George Gilder）认为，美国的经济活力依赖于发明、投资、风险投资的分布、资本市场和创业者。风险投资支持的公司已经在美国 GDP 中占比超过 20%，在美国股票市值中几乎占据 2/3（60%）。吉尔德说："创业公司是美国增长的首要来源。"[9]但现在看起来有所不同了。

当今的经济学家们的一个主要关注点，是风险投资越来越集中于软件行业，这导致了风险投资多样性的崩塌，其症状是"独角兽"的崛起。目前，有超过 100 家风险投资支持的公司估值超过 10 亿美元，合计的市值接近 5,000 亿美元。

在风险投资的历史上，除了苹果公司，还没有任何其他私人公司在成为上市公司之前获得过接近 10 亿美元的估值。像思科、英特尔、微软等获得风险投资支持的公司，通过 IPO 才达到这个估值水平，这些公司在市值不断增长的资本市场长期创造价值。 过去，大多数风险投资支持的公司，IPO 时的募资额是数百万美元或数千万美元。 直到 2000 年，所有 IPO 中超过 70%的公司募资平均不超过 5,000 万美元。 重要的是，与这些 IPO 相关的投资收益，并不是依靠一些私有机构投资人，而是数以百万计的个人投资者，通过公司股票逐步升值实现的。

独角兽的增多，反映了风险投资交易集中在软件领域。 这是一个戏剧性的转变，是前所未有的。 随着私有市场上独角兽公司的估值超过其在公开市场的估值，伴随着股票价格和市值的上升，让数以百万计的投资人受益并使经济活力得以增强的传统的估值创造机制发生了崩溃。

从那些将基于深度科学的革新性技术商业化的创业者手上抽走资金，再加上监管和资本市场的转变，阻止了投资人参与到那些过去通常给科技研发创造回报的公司，这些公司也是美国就业、收入和财富的主要创造者。 没错，这一次在风险投资领域似乎有所不同，目前还不清楚这种情况在未来几年将会如何发展。在第 7 章的末尾，从参与深度科技的风险投资人角度，我们将分享一些我们对未来的思考。

风险投资是健康发展和充满活力的经济的重要组成部分，在帮助科技研发实现重大回报方面扮演着重要的角色。 在提升美国科技研发的回报方面，专注于革新性技术开发和商业化的风险投资和创业精神已经被证明是关键成分。 疲软的生产力增长和衰退的经济活力，如果持续存在，将会对未来的美国经济构成重大挑战。

我们编写本书的目的，是强调风险投资家曾经在深度科学相关的技术研发方面所扮演的重要角色，并希望他们将再次参与其中。

深度科学投资与软件投资

贯穿本书，我们将深度科学投资与软件投资进行了对比。 我们这样做，是知道在深度科学投资与软件投资之间，没有一个明确和普遍公认的区别。 就我们的目的而言，深度科学投资与软件投资之间的区别，并不像商业模式那样存在一种科学的差异。

很明显，深度科学投资与软件投资可以在计算机科学的应用中产生交叉，我们将计算机科学归为一种深度科学。如今，大多数科学研究都使用计算机，因此在21世纪，计算机科学是深度科学研发关键的一环。

计算机科学具有理论和应用的两面性。理论的一面包括计算理论、信息及编码，算法与数据结构，以及编程语言理论，所有这些都需要深度科学的知识。应用的一面包括人工智能等学科，计算机体系结构与工程，计算机安全与密码系统，并发、并行及分布式系统，所有这些也需要深度科学的知识。应用的一面还包括一些可迅速发展出应用程序的学科，比如软件工程、应用程序开发、计算机网络、计算机图形学以及数据库系统等。

在本书中，深度科学投资与软件投资之间的区别并不在于是否使用了软件，而是采用何种商业模式将深度科学产品和软件产品推向市场。政府对于深度科学的资助主要集中在科技领域，而投资人主要关注商业模式以及商业模式的差异性。创新需要商业模式的执行和技术的差异性。

在我们看来，深度科学商业模式与软件商业模式的区别在于：（1）将产品首次推向市场所需要的资金和资源；（2）产品开发及市场验证期间，资源投入时机上的差异。这些区别不过是简要概括，但我们认为其中的差异仍然很重要。

在深度科学的商业模式中，必须在产品上市之前，将大量的资金和资源引入到产品研发之中。通常，硬件开发是必需的，因为终端产品的生产需要设备。比如半导体芯片制造、量子计算开发、电动车制造以及生物医药开发。

如果要开发一种新型的半导体芯片技术，在投资验证芯片架构之前，要投资芯片量产能力和提高成品率，这些都需要在芯片能够面市之前完成。这笔投资可能在5,000万～1亿美元之间，在确定市场是否会采用这种新的半导体芯片技术之前，需要投入这些资金。

如果是开发一种生物医药，与市场的采纳接受相比，投资及投资的时机会更清晰明了一些。在美国，要推动一种候选药物进入临床并完成三个阶段的临床试验，大约需要十年时间和数亿美元的投资。 大多数药物在这个过程中会失败，只有完成三期临床试验之后，经过食品药品监督管理局（FDA）的批准，一种新药产品才能面市，并且这个产品在市场上取得的成功才可以衡量。

与此不同的是，软件商业模式在最早期阶段所需要的资金要少得多，在大额投资促进规模化和收入增长之前，产品的市场接受情况就可以衡量。 软件应用程序的编写可以是数天、数周或数月的时间，相对来说不是那么昂贵。 这些应用可以通过大规模安装的硬件设备基础，快速渗透市场。 比如，像 Facebook、Twitter 和游戏 App 这样的软件模式，只需要一些软件工程师和非常少的固定资产就可以开发出来，最简单的情况下仅有的成本就是人工和笔记本电脑。 然后，借助互联网以相对快的速度和低成本判断这个产品是否有用户。 只有在确定了用户需求之后，才需要大额资金启动业务的规模化发展和推动收入的快速增长。

在深度科学投资模式下，可能需要至少 5 ~ 10 年的周期、5,000 万 ~ 1 亿美元甚至更多的投资，才能让一个产品面市。 相比之下，典型的软件商业模式只需要数周时间、几十万美元的投入，就可以让第一代产品面市。 可以想象，不同商业模式的投资人以及投资人期望的投资周期，会因为商业模式的不同而大相径庭。

我们在第 4 章将会看到，风险投资已经从深度科学商业模式迁移到了软件商业模式。 历史上，深度科学曾经在促进创新和繁荣方面扮演了不可或缺的角色，所以这种迁移有着重大的经济意义。

深度科学探险

在前面几章，我们将重点介绍和分析产生研发回报以及激发经济活力和繁荣的各种要素（如图 0 - 3 所示）。 首先，我们会了解过去三个世纪深度科学的演变过程和深度科学所衍生出的技术，以及它们对经济和商业形势的重大影响。之后，我们会深度探讨深度科学创新生态及美国风险投资业务的演变。 这些章节的内容会为本书后续章节讨论风险投资形势的重大转变奠定基础。

注释

1. Martin Bailey and Alok Chakrabarti, *Innovation and Productivity Crisis* (Washington, DC: The Brookings Institution, 1988), 119.
2. 本书所使用的“经济活力”这一术语，是指驱动就业、收入、产出、生产力及财富创造等实现增长的底层经济推动力。 本书中使用的另一术语“商业活力”，指的是伴随着工作的创造、摧毁和移交，机构不断诞生、消亡、扩张及收缩的过程。
3. Alan S. Blinder, “The Mystery of Declining Productivity Growth,” *WallStreet Journal*, May 14, 2015.
4. Robert Gordon, *The Rise and Fall of American Growth* (Princeton, NJ:Princeton University Press, 2016), 2.
5. Lucia Foster, Cheryl Grim, and John Haltiwanger, “Reallocation in the Great Recession: Cleansing or Not?,” *Journal of Labor Economics* 34, no. S1(January 2016): S293 - S331.
6. Robert E. Litan and Ian Hathaway, “Declining Business Dynamism in the United States: A Look at States and Metros,” *Brookings*, May 5, 2014, www. brookings. edu/ research/declining-business-dynamism-in-the-united-states-a-look-at-states-and-metros/.
7. James Surowiecki, “Why Startups Are Struggling,” *MIT Technology Review* 119, no. 4 (2016): 112 - 115.
8. Amy Bernstein, “The Great Decoupling: An Interview with Erik Brynjolfsson and Andrew McAfee,” *Harvard Business Review*, June 2015.
9. George Gilder, *The Scandal of Money*: *Why Wall Street Recovers but the Economy Never Does* (Washington, DC: Regnery, 2016), 121.

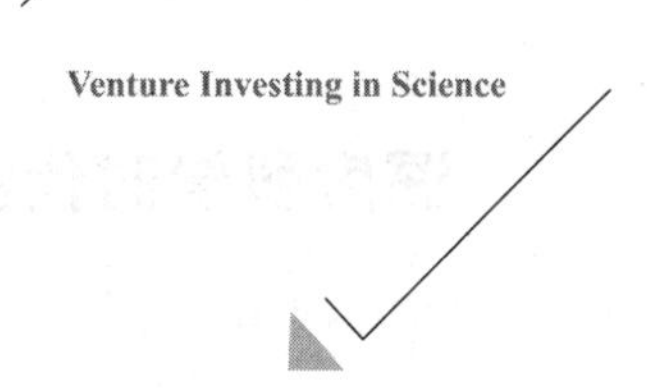

第1章 深度科学的颠覆性

Venture Investing in Science

你若能回顾得越深远，就可能前瞻得越长远。

——温斯顿·丘吉尔（Winston Churchill）

正如我们在引言中所指出的，风险投资令人担忧的趋势正使美国经济笼罩着不祥的阴云：基于深度科学技术商业化的早期创业公司，通常缺乏关注和资金支持。在本书中，我们用“深度科学”一词来指代有时被称为“硬科学”的东西。深度科学包括通过假设和实验来研究宇宙万物的任何自然科学或物质科学，比如化学、生物学、物理学或天文学，这些学科构成了现代科学的核心。同时，数学作为科学家常用的构建科学理论的语言，也是我们所谓的深度科学的基础。

就其本质而言，深度科学是革命性的，它培育着新的研究和调查方法，从而催生发明和创新。深度科学推动着新产品的开发和商业化。深度科学改变着原子和比特的配置方式，新的配置以新技术的形式呈现，如电力和微处理器。这两种变革性技术是深度科学发展的产物，这与法拉第、麦克斯韦、普朗克、爱因斯坦、费曼等人的开创性工作密不可分。

美国及海外经济一片欣欣向荣，是技术发明与创新的成果，而这些都源于深度科学。工业革命的根源在于以艾萨克·牛顿爵士为先驱的经典物理学。现代数字计算和互联网的根源在于深度科学在量子力学与信息理论领域的发展。

让我们开始回溯深度科学的起源，正如丘吉尔所说，你若能回顾得越深远，就可能前瞻得越长远，以此我们可以对当今美国的经济活力下行现象进行前瞻性分析及深度研究。

深度科学时代的到来

1687 年，英国物理学家和数学家艾萨克 · 牛顿发表了著名的科学论文“自然哲学的数学原理”（Philosophiæ Naturalis Principia Mathematica），或简称“基本原理”（Principia）。“基本原理”的出版，彻底改变了人们思考宇宙本质的方式。 天文和物理实验科学的新时代诞生了。 这些发展反过来又激发了新的技术发明和创新，并在熊彼特（Schumpeter）认为是资本主义经济特征的“创造性破坏”过程中，持续摧毁着老旧的发明和创新。 专栏 1 – 1 详细介绍了深度科学的学科。

专栏 1 – 1

深度科学的学科

物理学是一个关于规则的科学分支，它关系着宇宙结构、物质与能量的属性及其相互作用。物理学包含许多分支，主要包括力学、声学、热学、电磁学、原子和分子物理、量子力学和相对论、固体物理、核科学和粒子物理。在 20 世纪之前，物理学被称为自然哲学。

化学主要研究不同种类物质的结构和组成、变化的可能性以及在这些变化过程中发生的现象。化学通常分为三个主要分支：有机化学、无机化学和物理化学。有机化学主要面向碳化合物的研究；无机化学侧重于所有元素及其化合物的描述、性质、反应和制备；物理化学关注化学反应的定量解释和这些解释所需数据的测量。古代文明熟悉某些化学过程，例如，从其矿石中提取金属和制造合金。古代炼金术士努力将基础金属（非贵重）转化为黄金，而在 17 世纪末，化学从炼金实验所积累的技术和见解中演变形成。

生物学是关于生命和对数百万种不同生物进行研究的科学，包括其物理结构、生态功能、社会相互关系和起源。它涵盖了一系列亚科学，包括遗传学、分子生物学、植物学、动物学、解剖学和进化学。在21世纪，生物学正在与其他深度科学学科相融合，并衍变出一种被称为生命科学的新学科。

天文学是关于天体的科学，研究对象包括：太阳、月亮和行星；恒星和星系；宇宙中的所有其他物体。关注它们的位置、运动、距离、物理状况及其起源和发展。天文学的分支包括天体物理学、天体力学和宇宙学。天文学也许是最古老的有记录的科学。远古观星记录来自于古巴比伦、中国、埃及和墨西哥。通过使用火箭、卫星、空间站和空间探测器，人类探索了宇宙。哈勃太空望远镜于1990年发射上永久性轨道，使得天体现象的观测距离可超过地球望远镜的七倍远。

计算机科学是深度科学领域里最年轻的学科，现代根源可追溯到1835年查尔斯·巴贝奇（Charles Babbage）的机械计算机。由于他的分析机的发展，巴贝奇经常被认为是计算机的首位先驱。巴贝奇的助手艾达·勒芙蕾丝（Ada Lovelace）被认为是计算机程序设计的先驱。随着可编程电子计算机的出现，以及一种被称为信息理论的新型通信科学领域的开发，计算机科学在20世纪40年代和50年代开始蓬勃发展。信息理论在1948年由克劳德·香农（Claude Shannon）率先提出，是应用数学、电气工程以及包含量化信息的计算机科学的一个分支。计算机科学正在经历另一场由量子计算发展所引领的革命。量子计算的曙光，预示着机器计算能力的惊人进步，即使是当今地球上最强大的超级计算机，也无法与之媲美。

各种深度科学学科都具有一致性，即复杂性科学。复杂性科学本质上是多学科的，将来自一些硬科学和软科学（即社会）领域的科学家聚集在一起，探索从蚂蚁聚落及蜂巢，到天气及股票市场等复杂系统的动态。

资料来源：*Scientific American Science Desk Reference*（Norwalk，CT：Easton，1999）.

牛顿的《基本原理》提供了一种解释天体运动和地球上万物动向的新语言。牛顿的科学理论将宇宙视为一个伟大的机器，这个设想成了创造性思想的沃土，寻求将强大的新数学和科学用于发明在地球做事的新方式。 这些进步导致了工业革命。

牛顿的深度科学革命，直接或间接地激发了美国、英国和欧洲许多新型创新技术的发展。 其中包括反射望远镜（现在天文研究中几乎所有大型、研究级望远镜使用的设计）、纺纱机、蒸汽机、燃气轮机、煤气照明灯、轧棉机、金属车床、平版印刷机、造纸机等。 新型机械就如同寒武纪物种大爆发一般迅速激增。 这些创新技术的出现，深刻改变了这些国家经济格局的基本结构。

工业革命及其经济活力，源于牛顿、哥白尼、开普勒等科学巨人在深度科学上的创新。 17 世纪的启蒙时代，是深度科学、技术创新和经济进步之间出现重要联系的开始。 1759 年，法国数学家让 · 勒朗 · 达朗贝尔（Jean le Rond d'Alembert）非常精彩地总结了令人激动的牛顿科学发现时代，他说：

> 我们的世纪被称为……哲学卓越的世纪……发现和应用一种新的哲学方法，伴随着发现的那种热情，宇宙的景象使我们产生的一些思想提升——所有这些因素都引发了人们生气勃勃的思想发散，如一条决堤的河流般向自然的各个方向奔流。[1]

牛顿革命只是科学发展的开端，还将对技术和全球经济的发展产生深远的影响。

虽然牛顿于 17 世纪在深度科学方面的创新是深刻且有启发性的，但它并不是科学发现的最终高度。 随着工业革命获得更大的动能，牛顿经典力学在 18 世纪取得了更大的发展和完善。 法国科学家皮埃尔-西蒙 · 拉普拉斯的工作推进了物理学、天文学、数学和统计学的发展。

拉普拉斯将经典力学的几何研究，转化为基于微积分的几何研究，从而可以分析更广泛的问题。 他也是协助贝叶斯做统计概率论释义的主导人之一。 在天文学中，拉普拉斯是首批提出黑洞存在和引力坍缩概念的科学家之一，这个方向的话题继续成为 21 世纪深度科学家的热门话题。 因为拉普拉斯拥有惊人的先天数学能力，超过任何其他同行，所以他被认为是有史以来最伟大的深度科学家之一，偶尔被称为“法国的牛顿”。

19 世纪，杰出的英格兰科学家迈克尔·法拉第和苏格兰科学家詹姆斯·克拉克·麦克斯韦掀开了后牛顿时代深度科学的序幕。法拉第虽未接受过太多的正规教育，但被认为是科学史上最具影响力的科学家之一。法拉第和麦克斯韦的深刻见解引导了电力时代，并开拓了化学的新时代。

通过发现电磁感应、抗磁现象和电解，法拉第为电磁和电化学领域做出了贡献。他对通有直流电的导体周围磁场的观察，建立了物理学中电磁场概念的基础。他发明的那些电磁旋转装置，如法拉第圆盘（世界上第一台发电机），为电动机技术奠定了基础，并从根本上改变了牛顿时期开发的机器。法拉第在化学方面的贡献包括苯的发现、早期形式的本生灯的发明、氧化数体系的建立，以及诸如“阳极”、“阴极”、“电极”和“离子”等科学术语的普及。

麦克斯韦从数学的角度，总结并表述了法拉第在深度科学上的见解。作为一个在数学方面具有非凡技能且远超法拉第的科学家，麦克斯韦在电磁经典理论的发展基础上，完成了牛顿宇宙经典知识体系的搭建。麦克斯韦方程组充分体现了法拉第等人在电磁领域的非凡洞见。

法拉第、麦克斯韦等人在深度科学上的研究工作，催生出了一种创新形式的新技术——“直流发电机”。直流发电机是产生直流电的发电技术，是第一台能够提供工业用电的发电设备。这些设备是其他电力转换装置的基础，例如电动机、交流发电机和旋转变流机等。交流发电机在之后的演化中，发展成为大型发电技术的主导形式。历史学家亨利·亚当斯（Henry Adams）在 1900 年巴黎世博会上首次看到现代直流发电机时，他将这种基于深度科学的技术视为“无限的象征”。在《亨利·亚当斯的教育》（*The Education of Henry Adams*）一书中，亚当斯这样描述他当时的经历：

随着他（亚当斯）渐渐在（直流发电机）机器的雄伟展示空间中感到适应，他开始觉得这些 40 英尺大的发电机存在一种道德力量，就像早期的基督徒感受到十字架一样。这个机器有着巨大的轮子在臂长的空间里飞速旋转，偶尔发出杂声——几乎不会嗡嗡作响地发出危险警示——如果婴儿躺在它旁边都不会被吵醒。相对来说，这个星球以传统、谨慎的方式每年或每日的进化发展就显得不那么令人印象深刻了。在世博会结束之前，有人开始向它祈祷，这是人类在沉默、无限的力量之下的自然反应。在成千上万个终极能量的象征符号中，直流发电机并不具备人性，但它是最具表现力的。[2]

现在，对古老的直流发电机，我们很难像 19 世纪的亚当斯等人一样发出惊叹。但是，发电机（见图 1－1）是基于法拉第和麦克斯韦的深度科学发现的，是一个足以改变游戏规则、令人难以置信的技术。随着后续电力技术创新的发展，这项技术也成了经济发展的主要推动力。

图 1－1　布拉什发电机，1881 年

资料来源：blogs. toolbarn. com,” The History... and Science of the Electric Generator”, http://logs. toolbarn. com/2014/07/tbt-the-history-and-science-of-the-electric-generator/.

1895 年，深度科学的投资人和企业家尼古拉·特斯拉及乔治·威斯汀豪斯（George Westinghouse）在尼亚加拉大瀑布建立了第一座水力发电站（见图 1－2）。特斯拉—威斯汀豪斯电站的建立，是世界电气化发展的一个里程碑性事件。

图 1-2　尼亚加拉大瀑布电力公司的亚当斯电站，第一、第二发电厂房和变压器厂房，1895 年。世界上第一座大型水力发电站

资料来源：纽约特斯拉纪念协会（Tesla Memorial Society）。

在评估特斯拉变革性的电气化技术时，耶鲁大学电气工程学名誉教授、美国电气工程师协会（Institute of Electrical Engineers）前主席查尔斯 · F.斯科特（Charles F. Scott）博士表示："从 1831 年法拉第的研究发现，到 1896 年特斯拉的多相系统首次成功安装，电力的发展无疑是所有工程史上最重大的事件。"

随着电力时代的到来，一个巨大的新局面展开了。电力成了能源的主要来源，并催生了新产品和新应用的开发。电力为家庭、办公室、工厂、商店、街道和体育场馆的新形式照明提供了动力。

电力使得新一代的机器和一大批各类消费电器（比如烤箱、冰箱、洗衣机、烘干机）一步步遍布于全球经济的蓝图中。像电报和电话等新技术，利用电力实现短距离和远距离的无线信息传输。企业蓬勃发展，大企业（如通用电气，美国电话电报公司 AT&T）纷纷涌现，这些企业在 21 世纪的今天，仍然很有活力。

回顾 20 世纪，我们可以看到经典电磁学是如何彻底改变经济格局的。也许在未来的某一天，电力不再是全球经济中主要的能源形式，但现在，我们很难想象没有电力的生活。在麦克斯韦 100 周年诞辰之际，传奇科学家阿尔伯特·爱因斯坦指出，法拉第和麦克斯韦永远地改变了世界："在牛顿的理论物理学基础之后，物理学的公理基础上的最大改变——我们对现实结构的观念——源于法拉第和麦克斯韦对电磁现象的研究。"[4]

法拉第和麦克斯韦在深度科学上的推动，使得人们对现实的科学认识发生了深刻变革。推动科技创新的牛顿力学宇宙（由运动的物质构成），由于法拉第和麦克斯韦在深度科学的见解，正在慢慢被转化，并最终诞生了电气化时代。

在法拉第和麦克斯韦之后的世纪，爱因斯坦和其他科学家依旧受到他们深刻的启发。这些启发引发了另一波技术创新和创造性破坏，并带来了新的技术——量子力学。量子力学，也被称为量子物理学，是深度科学进化的另一个重要发展。20 世纪前 30 年，众多的科学天才，包括爱因斯坦、马克斯·普朗克、尼尔斯·玻尔、沃纳·海森堡以及埃尔温·薛定谔（Erwin Schrödinger）等人，在量子力学方面做出了大量的理论研究。量子力学的重要性在 100 多年后是显而易见的，因为今天人们仍然在不断地进行深入研究。[5]

牛顿的深度科学从数学维度阐明了天体在空间中如机器般运动，并且证实了自然的强大力量，如构成经典力学基础的重力，但量子力学是从原子层面上对自然行为的洞察。在牛顿和麦克斯韦建立的基础上，元素的原子层面行为以严格的方式在数学上得到了确认和建模。

随着工作的不断进展，量子力学在解释自然的内在运作能力方面，发展成为所有科学理论中最成功的一种。尽管诺贝尔奖获得者理查德·费曼指出"没有人理解量子力学"[6]这个事实，但还是取得了进步。这并不是说，量子力学是全能的最终科学。以史为鉴，一种超越量子力学的新革命性科学就在眼前。伟大的深度科学发明家尼古拉·特斯拉预见，科学界开始研究非物理现象的那一天终将来临。特斯拉说，当深度科学向这个方向前进时，它将在十年内取得的进步比过去几个世纪所取得的更大。在设想未来科学进步的同时，人们可能会听到温斯顿·丘吉尔的发言，"未来的帝国是思想的帝国"。

与牛顿之前的深度科学革命一样，在量子力学这一深度科学发展中的洞见和阐释，已经深刻地改变了20世纪深度科学的科学家对自然的看法。量子力学超越了牛顿的经典力学，在原子层面上对自然的行为产生了新见解。量子力学进一步将深度科学的前沿拓展到了原子领域。

量子力学提供了对原子领域的洞察，反过来又促进了可验证假说（可以通过实验来支持或证伪的假说）的发展。量子力学的深度科学促进了大量、持续的研究实验，而这些研究的成果体现在现代创新技术的发展中。

专栏1－2概述了为全球经济发展做出贡献的深度科学的发展历程。

专栏1－2

深度科学的发展

16世纪

尼古拉·哥白尼——日心说

17世纪

约翰尼斯·开普勒——行星运动三大定律

伽利略·伽利雷——望远镜

勒内·笛卡儿——因果原理

艾萨克·牛顿——经典力学

18世纪

皮埃尔—西蒙·拉普拉斯——天体力学、概率论

19世纪

开尔文——热力学

迈克尔·法拉第——电磁学和电化学

詹姆斯·克拉克·麦克斯韦——电磁的经典理论

路德维格·玻尔兹曼和詹姆斯·克拉克·麦克斯韦——统计物理学

20世纪

马克斯·普朗克等人——量子力学

阿尔伯特·爱因斯坦——相对论

克劳德·香农——信息论

爱德华·罗伦兹——混沌理论

默里·盖尔曼等人——复杂理论

资料来源：Christian Oestreicher, "A History of Chaos Theory," *Dialogues in Clinical Neuroscience* 9, no. 3 (2007): 279 - 289; M. Mitchell Waldrop, *Complexity: The Emerging Science at the Edge of Order and Chaos* (New York: Simon and Schuster, 1992).

回顾过去几个世纪，经济格局的巨大变化令人震惊，17—18 世纪的经济与现在发达的经济几乎没有相似性。许多我们认为理所当然的技术和现代化便利，在几个世纪以前的经济中完全不存在。

这个世界原本没有电、没有电话、没有收音机、没有电视、没有飞机、没有电器设备、没有磁共振成像仪（MRI）或微处理器、没有数字计算机或智能设备、没有癌症治疗仪、没有互联网。

现在我们许多人认为理所当然的技术和现代化便利，实际上从历史的角度深刻地重塑了经济格局，其根源在于深度科学相关技术的进步。自 17 世纪以来，深度科学的进步引发了技术变革的大潮，随着时间的推移，人们生活、工作和娱乐的水平得到了提高。在美国，深度科学技术催化了经济学家罗伯特·戈登（Robert Gordon）所谓的 1870 年至 1970 年间"伟大的增长世纪"。[7]

渗透市场和振兴经济的新技术，其基因里嵌入了与深度科学进步相关的知识。深度科学作为技术创新和经济活力的主要力量，其兴起在人类进化史上属于相对近期的。人类大约从 6,000 年前开始拥有写作的能力，印刷机的发展也不足 600 年。不过才过去 300 年左右的时间，深度科技的创新已成为推动经济体系中知识和学习的主要因素。回顾深度科学和技术变革的进程，并反思近期深度科学如何成为经济活力的有力催化剂，我们可以看到一个强有力的证明：现在的社会还处于技术变革的早期阶段。

自牛顿时代以来，科学有两个主要功能：（1）拓展知识；（2）让我们能够做更多事情。自 17 世纪初以来，科学的发现和发明呈现不断增长的趋势，这使得过去 400 年与历史其他时期有着深刻的不同。对过去四个世纪在深度科学和技术创新进展的研究表明，深度科学理论越具有颠覆性，技术变革就越具有颠覆性，其对经济和社会的影响也越大。

通过牛顿与工业革命、法拉第和麦克斯韦与电气化时代的关系，我们可以看到这种重要联系，20 世纪的量子力学与这个领域的一些非凡技术之间的关系，也是如此。深度科学的发展本质上具有颠覆性，这种颠覆性的特征反映在它们所激发出的技术中。深度科学技术的颠覆性本质在于创造性破坏的动态过程，创造性破坏是一种强大的动力，随着时间推移推动经济增长和生产力的提升，并通过改善生活水平而促进繁荣昌盛。

思想的帝国：知识产权的兴起

通过分析深度科学的发展历程，我们开始越来越了解革命性理论（及支撑这些理论的研究和试验）与知识产权创造之间的重要联系，这些联系为创新技术的商业化铺平了道路。“知识产权”指的是思想的创造物，比如发明、文艺作品、设计以及商业中使用的符号、名称和图像等。而作为经济活力的催化剂，知识产权的商业化带来了新工作、新市场、产量的扩大和生产力的提升。虽然“门外汉”投资人对于这个过程不甚理解，但深度科学的投资人对此深有好评。基于深度科学的知识产权的商业潜力，深深地吸引了现代的深度科学投资人。知识产权的所有者——无论是发明家、创业者还是公司——都能从发明及创新的商业化上获得经济和财务上的收益。发明和创新的商业化，也让消费者从使用中受益。

乔治·华盛顿总统于 1790 年签署了新的美国专利法。第一项专利授予了改进钾肥制造设备和工艺的塞缪尔·霍普金斯（Samuel Hopkins）。[8]第二个被授予专利的是奥利弗·埃文斯（Oliver Evans）的面粉机械。随着科学的发展，这些专利成为数百万专利中最早的一批。新技术发明的重要性得到了美国建国之父们的承认，并写入了美国宪法。美国宪法第 1 章第 8 款规定并授权美国专利法：“国会有权利……确保作者和投资人在有限的时间获得他们各自著作和发现的专有权，以促进科学和实用技术的进步。”

正如 18 世纪晚期美国专利活动显著增长所证明的那样，深度科学越来越成了新知识产权发展的沃土。 随着深度科学在电磁辐射领域的发现和电力、电力机械的发展，美国的专利活动在 19 世纪显著增加。 在这个世纪中，仅美国的发明人就获得了近 65 万个实用新型专利，其中许多专利源于深度科学。[9]

可想而知，美国专利商标局（Patent and Trademark Office）已经处理了一些令人震惊的与深度科学相关的专利申请。[10]可以设想，当一位 19 世纪的专利文员审查一项深度科学发明应用的时候，他脑中的一定在想：“这项专利申请是做什么用的？”

随着量子力学的发展和基于量子力学的创新，20 世纪的专利活动继续加速，其中不乏一些重塑了美国和全球经济格局的、真正革命性的专利。 以量子深度科学为基础的创新，如集成电路、微处理器、激光和 MRI 机器等，可能会使诸如牛顿、拉普拉斯、法拉第、麦克斯韦等深度科学领域的天才科学家感到震惊。 美国专利以惊人的八倍增长（总量共超过 530 万）证明，量子力学的进步推动了发明活动的显著增长。 图 1－3 追溯了自 18 世纪末以来美国专利活动的演变，突显了在深度科学方面取得巨大进步的时期，知识产权所实现的突飞猛进。

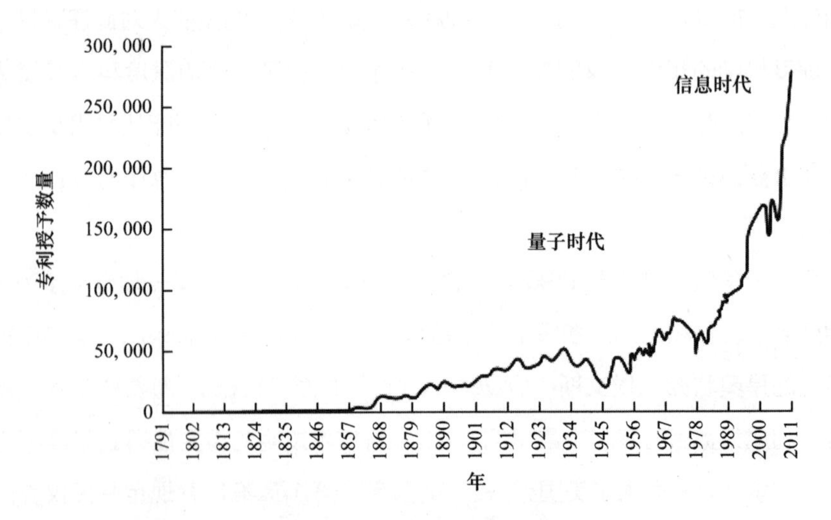

图 1－3　1790 年至 2013 年期间授予的美国实用专利数量

资料来源：美国专利商标局。

通用技术

在回顾过去四个世纪深度科学的进展情况时，一些重要的问题浮现出来：深度科学的进步如何在技术上表现出来？ 技术创新如何影响经济增长？ 随着时间推移，深度科学的进步在技术上慢慢呈现出来，并使经济结构以无法预料的方式发生转变。 一些深度科学技术在本质上是极具颠覆性的，经济学家把这种类型的创新称为“通用技术”（GPT），通用技术为经济带来了持续数十年的强大动力。

因其对运作模式的大幅改变，通用技术具备了在广泛行业（包括能源、运输、通信和计算）中普遍使用的潜力。[11]通用技术是变革性的，对经济有持久的影响。 通用技术在19世纪的应用包括蒸汽机车、发电机、电报、内燃机和电话等。 所有这些都在广泛的行业得到普遍使用，并大大改变了它们的运作模式。

蒸汽机车技术使得铁路的覆盖率激增，这一创新改变了运输的本质，以及货物运送到世界各地的方式；发电机技术带来了电力和照明，为20世纪的现代消费性电子产品奠定了基础；电报和电话技术使得信息可以快速地传达到世界各地。 这些通信技术的效果在当时是不容小觑的，是真正具有革命性的；内燃机是给汽车提供动力的技术，后来汽车替代了马和马车，成了个人运输的主要形式。

回想起来，我们可以看到深度科学技术的扩散，对美国经济的巨大经济影响。 在20世纪，美国家庭中拥有现代化生活设备——汽车、电话、电视、收音机、各种机器（例如洗衣机、冰箱）、电照明和集中供热——的百分比大幅上涨，如图1-4显示了1900年至1979年新技术在美国经济中的渗透。

从经济角度看，通用技术数量的增长是19世纪特别显著的特点。 单单一项通用技术，就可以对经济活力产生巨大的影响。 在这一时期发展了许多通用技术，这一事实对于解释该世纪的经济和生活水平的大幅增长有很大的帮助。 在20世纪，通用技术以量子技术的形式出现，如微处理器、个人计算机和纳米技术。 通用技术从根本上改变了人们的生活方式，而基于深度科学的通用技术是经济活力的强大媒介，其效果持续数年甚至数十年。

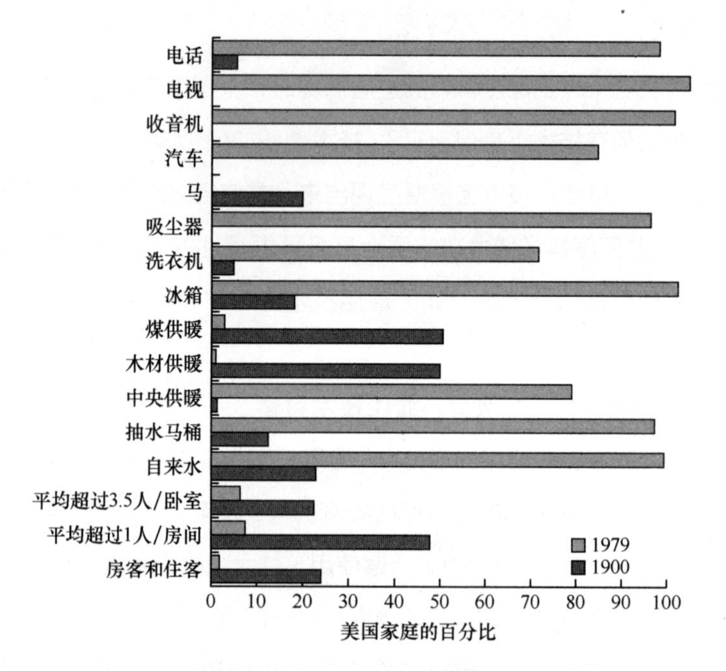

图1-4 1900年至1979年美国家庭消费模式的变化

资料来源：Stanley Lebergott, *The Americans*: *An Economic Record* (New York: Norton, 1984), 492.

深度科学与技术变革及经济的联系

深度科学的进步以及从这些进步所演变出的技术，这两者之间的关系是动态的。这是一种基于反馈的灵活性——科学的发展催生新的创新技术，新的技术又激发新的科学思想，并带来更多的技术变革。深度科学催生了机器时代，从而产生了蒸汽机，蒸汽机又促进了热力学的进步，从而进一步推动了科学发展。

科学与技术创新之间的持续交互作用，以及彼此之间的反馈作用，是资本主义进程的核心要素，它为经济创造新的生命力并提高了生活水平。这种动态是资本主义经济中知识与学习的基础，是尼安德特人的经济与当今经济的区别所在。彼时的“穴居人”可以获得的资源与今天的创业者完全相同，但是穴居人没有以积累的方式学习深度科学和技术知识。

技术变革是资本主义经济体系中无法更改的事实，而技术变革的步伐是由科学进步的速度以及深度科学创业者和投资人的活动来决定的。在20世纪40年代初，约瑟夫·熊彼特让他的经济学家朋友们认识到这样一个事实：“保持资本主义引擎运行的核心动力，来自于新的消费商品、新的生产或运输方式、新的市场，以及资本主义企业创造的新形式的产业组织。”[12]

熊彼特正确地看待资本主义经济，他认为在此经济体系中，基于深度科学的科技创新蓬勃发展，作为一个有机过程是动态的。技术变革是资本主义经济体系的关键组成部分，经济学家经常认为，这不是外生的，而是系统内的人利用各自的创新人才去创造和创新的。科学为系统中的创造力提供了基础，而这种创造力在新技术中表现出来。熊彼特提醒经济学家们，应对资本主义时需要把握的重点，在于对进化过程的处理。

正如埃里克·贝因霍克（Eric Beinhocker）在《财富之源》（*The Origin of Wealth*）中所讨论的，这种模式与许多古典经济理论模型形成了鲜明对比。[13]贝因霍克指出，经济学历来关注的是财富如何创造和分配。在亚当·斯密（Adam Smith）时代和20世纪中期之间，是由保罗·萨缪尔森（Paul Samuelson）和肯尼思·阿罗（Kenneth Arrow）的经济思想所主导的时代，那时的第一个问题（财富创造）在很大程度上被第二个问题（财富分配）所掩盖。经济学家瓦尔拉斯（Walras）、杰文斯（Jevons）和帕累托（Pareto）的理论模式开始于一个经济体已经存在的假设，即生产者拥有资源、消费者拥有各种商品。那么，问题在于如何在经济中分配现有的有限财富。正如贝因霍克所描述的那样，关注有限资源分配的一个重要原因是，从物理学导入的平衡数学方程是回答分配问题的理想选择，但很难将这一选择应用于经济增长。

贝因霍克指出，传统的经济分析更倾向于分配而不是增长，这将经典和新古典经济理论放在摇摆不定的地位上。他建议，相比于瓦尔拉斯和杰文斯使用的经典物理方程式，生物系统的复杂适应行为是更合适分析经济的方法：“复杂性经济学比传统经济学更接近于经济现实，正如爱因斯坦的相对论比牛顿定律更接近于物理现实。”[14]

在经典经济学家的模型中，由于技术变革从来都是外生而非内发的，所以他们从未能够准确地预见到深度科学进步所带来的经济影响，根本没有办法解释科学和技术与经济活力之间的这种双生关系。经济学家能做的，就是做好准备迎接那些会让他们感到震惊但却并不符合他们所建立的经济模型的东西。

将生活水平提升到更高的高度，并在以后的几个世纪中持续上扬，这违背了末日经济学家，如托马斯·罗伯特·马尔萨斯（Thomas Robert Malthus）的经济预言。1798 年马尔萨斯预言，由于人口的指数级增长，粮食将会短缺，并最终使得经济活动被削弱。马尔萨斯和其他经济学家在他们的长期预测中没有考虑到的是，与深度科学进步相关的技术创新的步伐加快。17 世纪以来，深度科学的技术创新已经成为一种强大的动力，这使得科学准确的长期经济预测变得非常困难，因为我们无法预见什么技术会兴起，以及随着时间的推移技术会如何改善生活水平。

经济学家——即使在数学和计算机科学发达的当今——没有可靠的方法来预测深度科学进步的时机，也不能预测这些进步将如何影响未来技术创新的步伐。深度科学的风险投资家及作家乔治·吉尔德指出，传统经济学中的明显缺陷，使得其一直无法解释近几个世纪以来人均经济增长的规模。吉尔德指出，自 18 世纪末以来产量扩大近 120 倍，但先进的经济增长模型也只能解释其中的 20%。[15]

传统经济学家还没有考虑到的是，随着深度科学的进步，知识的增加是惊人的。与土地、劳动和资本等传统经济投入不同，知识没有固有的限制。经济记者大卫·沃什（David Warsh）在他的《知识与国富论》（*Knowledge and the Wealth of Nations*）一书中，提供证据说明了资本主义的增长实际上是传统数据所统计的 1,000 倍。[16]

在他的书中，沃什提到了经济学家威廉·诺德豪斯（William Nordhaus）在题为“实际产出和实际收益是否就可以判断现实状况？照明的历史给出了否定答案”的一篇论文中的研究结果。诺德豪斯的研究显示，与深度科学相关的创新和技术进步伴随着从事照明的劳动力成本的惊人下降。由于 1880 年代电力的到来，照明的劳动力成本下降到千分之一，通过与深度科学进步相关的技术创新及其带来的电力发展，使照明的丰富度和可承受性增加了惊人的百万倍。这就是深度科学相关活力的力量——技术的力量。在 20 世纪，随着量子力学、微处理器和数字计算机的发展，类似的经济活力将会出现。

在研究照明历史时，诺德豪斯认为，经济学家们往往对那些随着时间的推移而累积起来的知识和学习熟视无睹。 他的分析显示，几乎所有的经济增长都是由创业者和科学创造力驱动的。 深度科学的进步促进了知识的积累，新的科学洞见逐渐在新技术中显现出来。 这些基于深度科学的新兴技术，无论是电力、发电机、微处理器或数字计算机，都是随着时间的推移，通过创业活动促进经济增长。

虽然不是不可能，但基于深度科学的技术变革活力很难用当前的经济模型去预测其趋势。 试图用计量经济学模型产生准确的预测结果，这是徒劳无功的，主要是因为深度科学进步的不可预测性。 在这种不可预测性的情况下，预测者经常会将当前的趋势推向未来。 这是一种常见的预测技术，但结果很少令人满意，而且往往看起来很愚蠢。[17]

深度科学驱动的经济动力

深度科学的进步，从 16 世纪的牛顿和古典力学，到 20 世纪的费曼和量子力学，是使得生活水平获得惊人且前所未有提升的基础。 牛顿革命后的工业革命迎来了机器时代，深刻地改变了经济格局。 机械的普及使生产力大幅提高，并在几十年的时间里带来了生活水平的提高。 新兴的基于深度科学的技术发明和创新促进了新商业、新行业和新生活方式的发展。 在 17 世纪，美国的人均国内生产总值（GDP）——代表了人民生活水平——低于 500 美元。 到 19 世纪末，GDP 已经上升了 11 倍，达到了 6,000 美元。 从事后及长远的角度来说，我们今天能看到的，是与深度科学进步相关的技术的表现，它们不断将生活水平提高到更高的高度。 在牛顿的科学革命之前，从来没有过如此深刻的经济转变。

通过记录随着时间推移的生活水平的提高，如图 1－5 所示，我们可以开始欣赏深度科学带来的经济影响，以及在促进基于深度科学的革新性技术商业化方面，投资行为所起到的作用。 生活水平是经济繁荣的一种通用衡量标准，与新技术发明和创新产生带来的生产力增长高度相关。 在分析过去四个世纪深度科学与经济活力之间的关系时，我们观察到与深度科学相关的新技术是生产力增长的推动力。新兴的深度科学技术的发展，对经济体系的效率产生了显著的影响。

18 世纪的深度科学技术成了工业革命时期技术进一步发展的基础，新技术带来了新的商业、就业机会、产品和相关服务。随着发明家与创业者和投资人共同努力创建新公司，创意与商业开始了前所未有的蓬勃发展。正是在这个时期，按其人均 GDP 衡量，欧美的生活水平开始了明显提升，证明了深度科学技术创新与经济活力之间的联系。如图 1－5 所示的陡峭上升曲线代表生活水平的飞速提升，这是过去 400 年来经济发展最迅猛的唯一一次，是史无前例的。

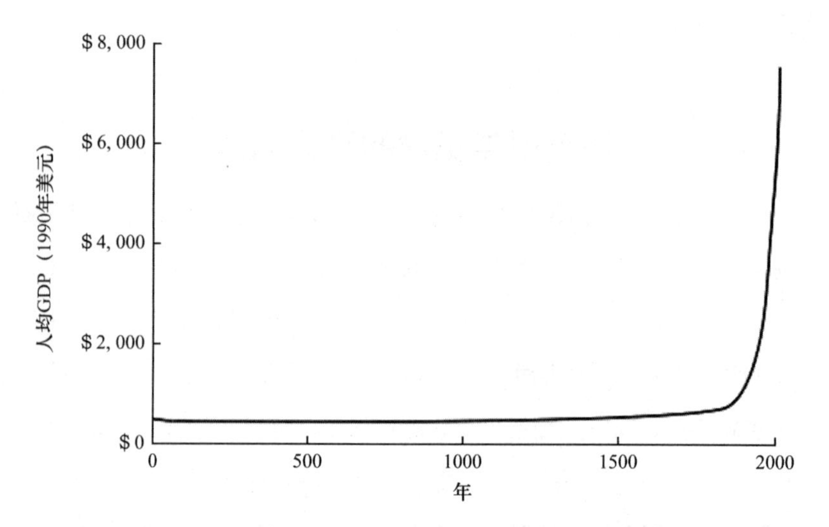

图 1－5　世界人均国内生产总值（GDP）：长远角度

资料来源：Adapted from Angus Maddison, in Louis D. Johnston, "Stagnation or Exponential Growth—Considering Two Economic Futures," MinnPost, November 24, 2014, https://www. minnpost. com/macro-micro-minnesota/2014/11/stagnation-or-exponential-growth-considering-two-economic-futures.

机械在经济格局中的普及，对生产力增长有着重大的影响。比如，纺纱棉线的生产率自 1750 年以来急剧上升（见图 1－6）。在工业革命之前，将 100 磅棉花手工纺织成棉线，需要花费 50,000 小时甚至更多的时间。18 世纪末期，最早的纺纱机在 2,000 小时内就能完成同样的任务，生产率提高了 25 倍。

在19世纪末期完成的一项研究中，通过调查最新从手工转换成机器生产的672个工业流程，发现都存在机械化带来的类似惊人的生产力提升。

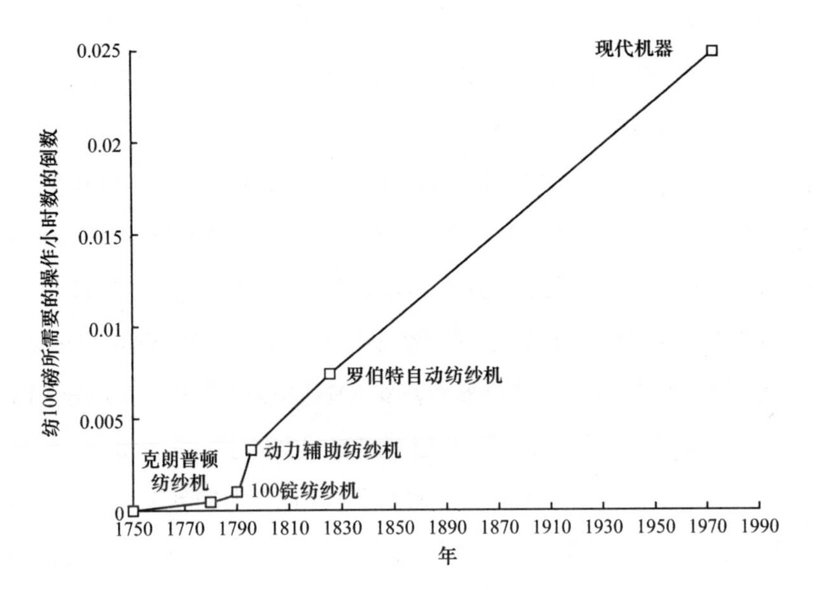

图1－6　纺纱棉线的生产力增长

资料来源：Harold Catling, *The Spinning Mule* (Newton Abbot, UK: David & Charles, 1970).

举例来说，从手工编织转换为机器编织，一条36英寸宽、500码长的格子布所需的工时从5,039减少到64，劳动生产率增加了79倍。这个收益还不是最了不起的。机器印刷和装订的生产率比手工高出212倍，而螺钉的机器生产率比手工高出4,032倍。[18]

正如我们之前所看到的，牛顿在深度科学领域的工作激发了强大的经济力量，并最终引发了工业革命。在牛顿时代之前，经济的产出主要是劳动和土地的函数。若要由既定的土地实现额外的产出，则需要更多的劳动投入。可以想象一下，劳动力在各种经济活动中，是如何被改善并最终提高其生产力的（例如，使用更多的牛来协助各种农业活动）。但是总的来说，这种调整只能带来工作效率和生活水平的适度提高。

牛顿革命后的几年，经济格局发生了巨大的变化。受深度科学启发，新形式的非电力机械开始激增，并随着时间的推移对生产力产生了重大影响。随着新机械的出现，产品的生产变得更有效了，这种影响不仅体现在已有产品上，还催生了新的产品、市场和就业机会。18 世纪的机器时代引发了工业革命。继而，工业革命对生活水平产生了显著的影响，体现为生产力的大幅改善，而这也反映了人均 GDP 的提高。

在此期间，基于深度科学的技术发明和创新在美国和海外遍地开花。发电机的发明是深度科学技术史上的一项重大事件。类似于格拉默（Gramme）发电机这样的直流发电机，激发了深度科学家尼古拉·特斯拉在交流机上的灵感。[19]特斯拉在 18 世纪末开发并改进了他的交流发电机，这些发电机在 20 世纪初由于中央电力系统的兴起而大规模地普及，并将电力分配给了大部分人口。

技术变革带来的经济影响，在 19 世纪随着深度科学的进步和电力、电气机械的发展而变得更为显著。例如，19 世纪 80 年代电力的到来，使得照明价格便宜到了千分之一，并带来了人类历史上经济活力最惊人的一次增长（照明本身的丰富度和承受能力提高了百万倍）。

从技术的角度看，19 世纪的发展比 18 世纪更加激动人心。在美国和海外的经济中，一大批基于深度科学的颠覆性技术迅猛出现。在这个过程中，技术从根本上改变了人们的生活方式、受教育的方式、工作的方式、创造的业务，以及他们工作的企业。

自 19 世纪初以来，美国经济的整体生产力（定义为投入产出比）每 75 年就翻一番，而劳动生产力的增长更是迅猛。这些成就对于生活水平和整体福祉至关重要。新的创意，特别是那些激发机械、电力设备发展的想法，引发了生产力的非凡变化，反过来又逐渐推动了人均 GDP 的上升。

到 19 世纪末期，数以百计的工业流程从手工转换到机器生产，在生产力上获得了极大的成就，这些成就，反过来推动了美国和全球生活水平的提高。[20]18 世纪机械普及带来的巨大的效率提高，使得美国的实际人均 GDP 接近翻了一番，从 18 世纪初的不到 1,000 美元到 19 世纪 30 年代的近 2,000 美元。[21]

随着与电气化相关，以及与法拉第、麦克斯韦等人工作相关的深度科学技术的进步，生活水平继续飙升。19 世纪后半叶电力机械和照明的普及，使得美国的生活水平在相对比较短的一段时期翻了一番，实际人均 GDP 从 1870 年的 3,040美元上升到 20 世纪初的 6,004 美元。

正如生活水平的腾飞所反映的那样，与深度科学进步相关的繁荣持续到了 20 世纪，此时的繁荣由物理学的一个新分支——量子力学——发展而来。在此期间，随着电力机械、照明及其他机械以及与此相关的新商业和行业的不断普及，美国的生活水平又提升了 130%。

量子力学诞生于 19 世纪末，随后在 20 世纪的发展，带来了与牛顿经典力学和法拉第电气化旗鼓相当的技术革命。量子力学的深度科学在 20 世纪 40 年代末开始以新技术的形式出现，这些新技术将深刻地重塑美国和海外的经济格局。

量子力学促进了一大批技术的发展，从计算机芯片里的半导体和微处理器，到通信系统和消费产品里的激光器，还有医院的 MRI 机器等。这些具有变革性的深度科学技术的激增，带来了前所未有的繁荣。在 20 世纪下半叶，随着量子技术的兴起，美国实际人均 GDP 增长了两倍，从 1950 年的 14,400 美元增加到 1999 年的 43,200 美元。

与量子力学有关的发明，大约占美国现今 GDP 的 1/3。[22]

从美国股市来看，量子技术在过去一个世纪创造了数万亿美元的新财富（见图 1-7）。量子物理学已经成为开发新产品和行业的基础，并带来了数千万个工作机会。尽管量子力学是一个已有百年历史的深度科学，但随着新的量子技术渗透市场，其对美国年度产出的贡献可能会在未来几十年中持续上升。即将来临的变革性的技术，如量子计算机、碳纳米管存储装置和其他一系列量子技术，将在包括通信、能源、运输和医药在内的各种经济领域中发挥重要作用。这些技术有潜力进一步刺激经济活力，将生活水平提升到新的高度。

回顾悠久的历史发展情况，我们发现，从 18 世纪牛顿深度科技革命之后贯穿到 20 世纪时，人均 GDP 迎来了一个真正显著且惊人的上涨。有些人可能认为，自 1800 年以来，世界人口的七倍增长应该会让生活水平的提高速度放缓。然而，20 世纪末人口增长到近 60 亿，相比之下，GDP 达到了同比增长。产量增长了近 120 倍，远远超过了人口的增长。这种惊人的 GDP 绝对增长，推动如今人们的生活水平超过了 18 世纪的国王和王后。

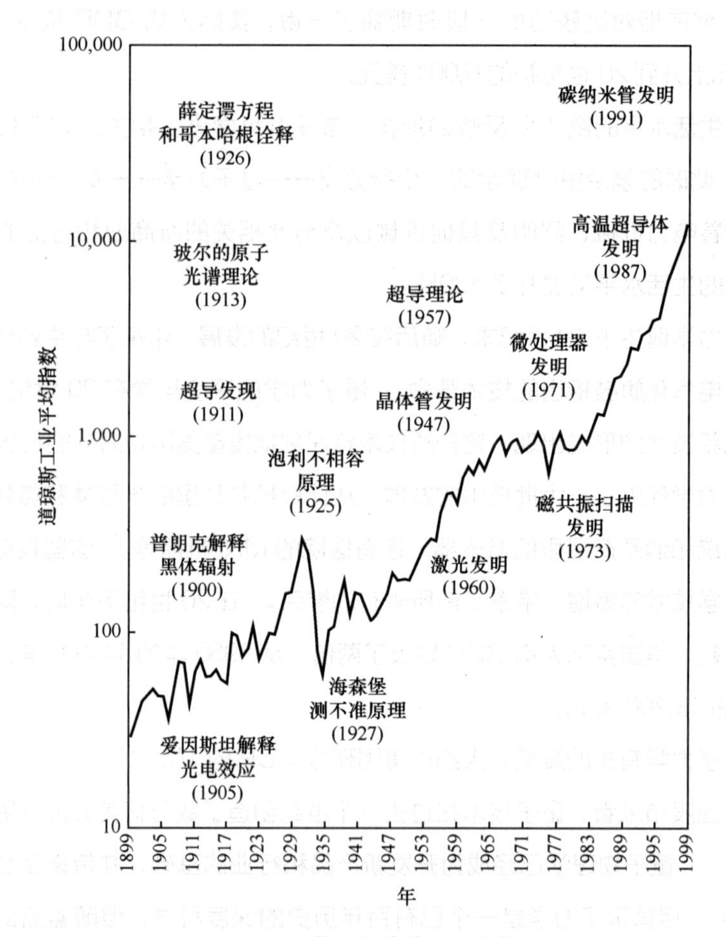

图 1-7　量子经济的上升趋势

资料来源：道琼斯公司（Dow Jones and Company）。

1790 年至 2000 年期间美国人均实际 GDP 增长了 40 倍（见图 1-8），体现出美国自 18 世纪以来生活水平的上升是令人震惊的。

回顾自 17 世纪以来人均 GDP 与生活水平的关系，人们自然会觉得全球经济的爆发性增长，源于牛顿和其他深度科学家的工作成果。人均 GDP 的增长在以前的经济史上是前所未有的。

在 20 世纪 40 年代兴起的量子革命时期，美国风险投资业务还处于发展的早期阶段。对于基于深度科学革新性技术的创业公司，风险投资在其播种和培育方面，发挥了至关重要的作用。20 世纪下半叶，深度科学与风险投资的结合被证明是美国经济活力的一股强大推动力。

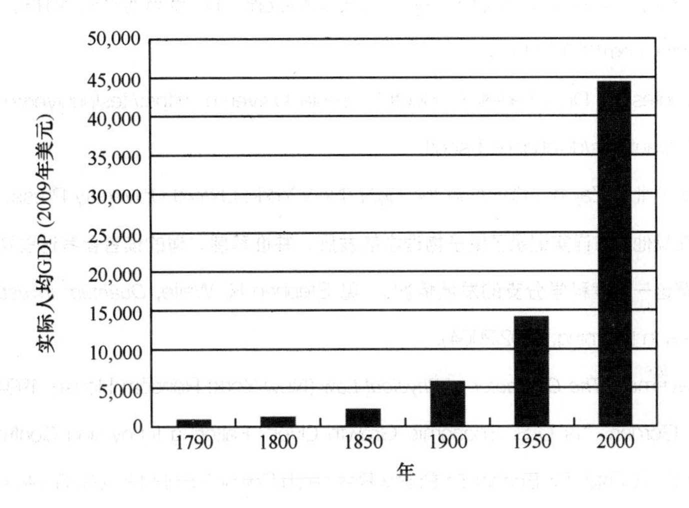

图 1-8　美国 1790—2000 年实际人均 GDP

资料来源：MeasuringWorth. com

风险资本家拥有一种独特的技能，有助于促进深度科学技术的发展和商业化。美国现代机构风险投资业务的起源与深度科学发展的密切联系，将会在第 3 章讨论。正如早在 20 世纪 40 年代熊彼特在美国风险投资行业发展的初期注意到的，技术的可能性是一个未知的大海。事实上，正是这种技术的未知潜力，使得风险投资家在深度科学中谋求资本化。我们将在第 3 章中看到，美国风险投资的根基在于促进与深度科学进步相关的技术的发展。

20 世纪深度科学的发展，也促成了政府机构、学术研究人员、非营利组织、企业、创业者、风险投资家以及其他机构和散户投资人的多样化生态系统的发展。总的来说，这些参与者有助于促进革新技术的研究、开发和商业化，从而刺激经济活力，并促进效率提高及繁荣，它们代表着我们所谓的“深度科学创新生态系统”。在接下来的两章中，我们将看到，在过去 70 年这个生态系统对经济活力的重要性。

注释

1. Thomas L. Hankins, *Science and the Enlightenment* (New York: Cambridge University Press,

1985), 1.

2. Henry Adams, *The Education of Henry Adams* (Boston: Houghton Mifflin, 1918). Available at www.bartleby.com/159/25.html.

3. "Tesla Quotes by Dr. Charles F. Scott," Tesla Universe, https://teslauniverse.com/nikola-tesla/quotes/authors/dr-charles-f-scott.

4. Quote from Arthur Zajonc, *Catching the Light* (New York: Oxford University Press, 1993), 145.

5. 我们已经在其他地方详实记录了量子物理学的发展，并推荐感兴趣的读者参考这些资料，以便更全面地了解这一深度科学分支的发展情况。见 Stephen R. Waite, *Quantum Investing* (Mason, OH: Thomson Learning, 2002/2004).

6. Richard Feynman, *The Character of Physical Law* (New York: Random House, 1994), 129.

7. Robert J. Gordon, "Is U.S. Economic Growth Over? Faltering Innovation Confronts the Six Headwinds" (Center for Economic Policy Research,Policy Insight No. 63, September 2012).

8. United States Patent and Trademark Office, "The U.S. Patent System Celebrates 212 Years," press release #02 - 26, April 9, 2002.

9. Patent data are from the U.S. Patent and Trademark Office (www.uspto.gov/).

10. The Patent Act of 1836 established the Commissioner for Patents for the U.S. Patent and Trademark Office.

11. Elhanan Helpman, *General Purpose Technologies and Economic Growth* (Cambridge, MA: MIT Press, 1998).

12. Joseph A. Schumpeter, *Capitalism*, *Socialism and Democracy* (New York: Harper, 1942), 83.

13. Eric D. Beinhocker, *The Origin of Wealth* (Boston: Harvard Business School Press, 2007).

14. Ibid., 75.

15. George Gilder, *Knowledge and Power*: *The Information Theory of Capitalism and How It Is Revolutionizing Our World* (Washington, DC:Regnery, 2013).

16. David Warsh, *Knowledge and the Wealth of Nations* (New York:Norton, 2006).

17. 关于这个主题的更多内容，请参见 Matt Ridley, *The Rational Optimist*(New York: Harper, 2010).

18. Jeremy Atack, "Long-Term Trends in Productivity," in *The State of Humanity*, ed. Julian Simon (Malden, MA: Blackwell, 1995), 169.

19. W. Bernard Carlson, *Tesla*: *Inventor of the Electrical Age* (Princeton,NJ: Princeton University Press, 2013).

20. Atack, "Long-Term Trends in Productivity."

21. 真实人均 GDP 以 2009 年定值美元计算。数据来源于 Louis Johnston and Samuel H. Williamson, "What Was the U. S. GDP Then?," MeasuringWorth, 2016, www.measuringworth.com/datasets/usgdp/result.php.

22. Max Tegmark and John Archibald Wheeler, "One Hundred Years of Quantum Mysteries," *Scientific American*, February 2001, 68 – 75.

第2章 美国的深度科学创新生态系统

Venture Investing in Science

正如我们在前一章所了解的，科学的发现和创新是经济活力的关键要素。为了实现日益提高的生产力所带来的效益，一个繁荣的国家需要对深度科学进行研究和开发，然后将产生创新的技术扩散到整个经济之中。随着美国和全球经济的发展，美国和世界各地的政策制定者都认识到，这些要素的重要性与日俱增。随着时间的推移，这种创新可以提升生活水平，并提供其他效益，比如为当地创造就业机会，改善医疗健康和安全，创建新的公司，以及保障国家安全等。[1]

深度科学研发工作的成果是通过创新来实现的。企业、创业者、天使投资人、风险投资人甚至公开市场，都在这个过程中发挥着作用，这些参与者有助于创造商品和服务，并在此过程中创造就业机会和经济活力。

企业、风险投资人以及他们支持的创业者，在创新过程中发挥着关键作用。那些得到企业和风险投资人资金支持的基于深度科学的产品和相关服务，创造了新的就业机会，并逐步将收入、财富和生活水平推到更高的水平。20 世纪后半叶风险投资的出现，对美国日益增长的经济活力来说是一大福音，它促进了深度科学技术和相关服务的商业化，包括电信、医疗健康、云计算、全球定位系统（GPS）和自动化。

风险投资人所进行的投资活动，对于经济活力来说至关重要，但风险投资人不能独立于环境工作。在我们能够真正认识风险投资对于经济活力的促进作用之前，首先必须看看构成美国深度科学创新基础的生态系统。这个生态系统包括企业和政府资助的研发，以及风险投资，从这个基础出发，推动创新的创意和技术慢慢出现，并且正是这些创意和技术驱动创新。从本章开始，我们将重点介绍美国研发资金的生态系统，并介绍将研发发现转化为创新的创业者和风险投资人。

美国的科学研发资助

深度科学的创新生态系统是深度科学技术商业化的组成部分。当风险投资人和创业者在深度科学投资活动中合作时，他们就成了这种更大动态中的一部分，其中涉及许多参与者，包括私募投资人（如个人、信托、家族办公室）、企业、政府机构、学术机构、慈善机构或非营利组织。图 2－1 描述了深度科学创新生态系统的一些主要元素，包括外商直接投资（FDI）、全球价值链（GVC）和知识产权（IPR）。

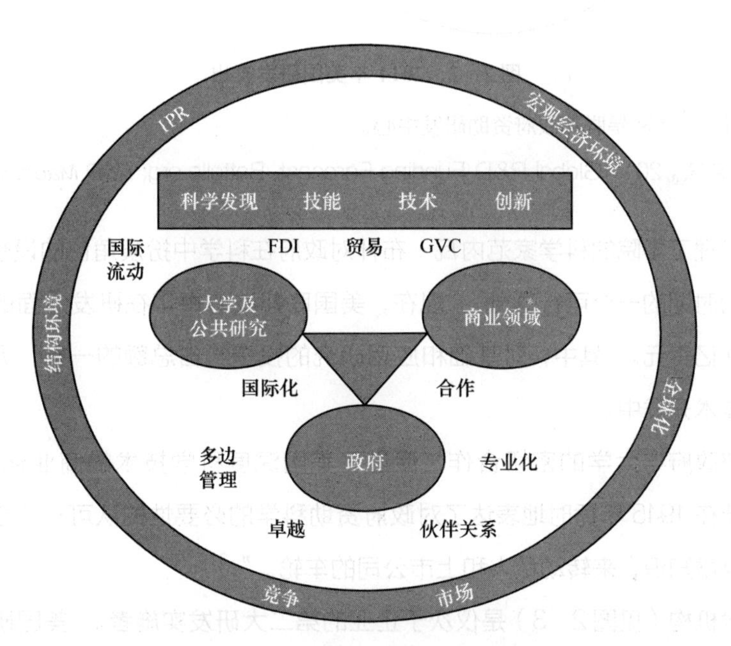

图 2－1　深度科学创新生态系统

资料来源：Organisation for Economic Co-operation and Development, *OECD Science*, *Technology and Industry Outlook 2014* (Paris: OECD Publishing, 2014).

美国每年用于研发的近 5,000 亿美元中，企业部分占了绝大多数（见图2-2）。另一个重要的研发支出来源是美国联邦政府，其支出略高于企业支出的1/3。其余是慈善机构和学术机构，它们在每年的研发支出中所占的比例约为6%。联邦政府把大约30%的研发预算花在了大学上，剩余的大部分花在联邦实验室和其他机构。[2]

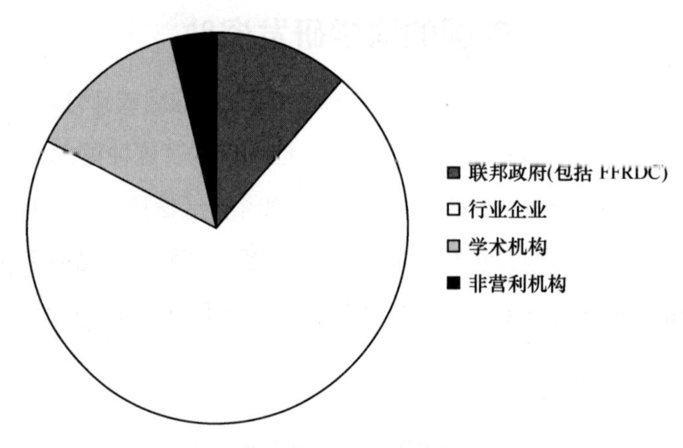

图2-2　2014 年美国研发支出

注：FFRDCs 是联邦政府资助研发中心。

资料来源：2014 Global R&D Funding Forecast, Battelle.org; *R&D Magazine*.

麻省理工学院的科学家范内瓦·布什对政府在科学中扮演角色的设想，是美国在战后时期的一个可行基础。现在，美国联邦政府每年在研发方面的投入超过 1,200 亿美元。其中，对基础和应用研究的投资约占总额的一半，另一半则投入到技术开发中。

联邦政府与大学的密切合作，促进了美国深度科学技术的商业化。范内瓦·布什在 1945 年适时地表达了对政府资助科学的必要性的认可："必须有一批新的科学知识，来转动私人和上市公司的车轮。"[3]

学术机构（见图2-3）是仅次于企业的第二大研发实施者。美国研究型大学每年的研发经费超过 600 亿美元，其中近 60%的学术研发经费来自于美国联邦政府。因此，我们可以看到联邦政府与学术相关科研机构之间的密切关系。

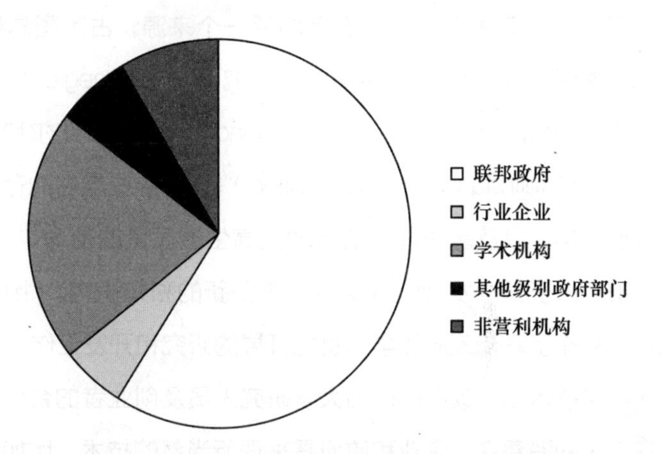

图 2-3　2014 年，美国对学术机构的研发支出

资料来源：2014 Global R&D Funding Forecast, Battelle.org; *R&D Magazine*.

当深入研究风险资本的趋势时，我们可以很明显地看到，学术研发和风险资本投资在过去十年已经开始展现出不同的投资模式。特别值得注意的是，学术研发是投资深度科学的一种模式。在过去的 20 年里，学术研发的分布一直偏向于深度科学，特别是生命科学和物理科学。目前，生命科学大约占学术研发的 57%，而物理科学占学术研发的 30%。相比之下，信息技术和软科学一起仅占学术研究的 13%（见图 2-4）。[4]

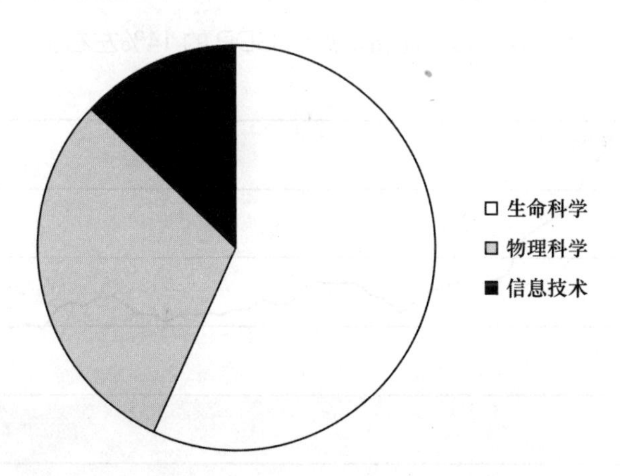

图 2-4　美国对学术机构的研发支出（按领域划分）

资料来源：2014 Global R&D Funding Forecast, Battelle.org; *R&D Magazine*.

非营利组织是美国深度科学研发资金的另一个来源，占美国总研究经费的4%左右。这些组织包括卡内基科学研究所（Carnegie Institution for Science）、洛克菲勒基金会（Rockefeller Foundation）以及比尔和梅琳达·盖茨基金会（Bill and Melinda Gates Foundation）等。这些组织的存在，反映了他们以往的创业成功，以及想通过慈善活动提高生活质量的使命。许多著名的非营利组织，都致力于科学发现，并支持促进创新的独特研究。因此，非营利性的研发活动，补充了联邦政府和学术机构开展的研究和开发工作。

在下一代科学技术上，政府部门与大学研究人员及创业者的合作关系，是为了实现那些在今天的消费者、企业和政府看来理所当然的技术，比如计算、互联网、移动通信、改进的医疗健康、安全和国防。然而，当今的美国经济资源正在发生转移，这给创业者和风险投资开发和商业化深度科学技术的进程带来了越来越强的逆风。

在美国，政府对科学研究的资助正面临着压力。联邦政府的科研投资，按其在总预算中的占比，在过去的几十年里大幅下降，从20世纪60年代末的10%下降到今天的4%以下（见图2-5）。在这种下降的同时，联邦政府在社会保障、失业和劳动力以及医疗保险（包括联邦医疗保险计划）等强制性政府支出项目上的预算占比越来越大。自1973年以来，强制性支出平均约占GDP的10.2%，预计到2023年，其占比将增加到GDP的14%左右。[5]

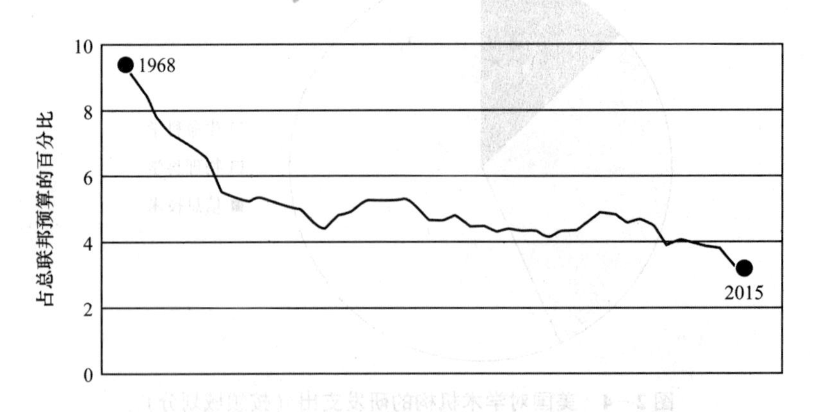

图2-5　1968—2015年美国联邦政府的研发支出比例

资料来源：美国科学促进会。

麻省理工学院在2015年4月发表的一份题为《未来的推迟：为什么基础研究的投资下降会让美国产生创新赤字》的报告，指出美国联邦政府对于研究的投资减少是有问题的。[6]报告提出了在美国拓展研究的建议，包括：

- 投资于神经生物学、脑化学和衰老科学的研究，以开发治疗阿尔茨海默症的新疗法；
- 抗生素耐药菌的增多带来了日益严重的健康威胁，新的抗生素可能会解决这一问题，而这一领域缺乏投资的商业动机；
- 综合生物学研究可能会促进诸如针对基因疾病的定制治疗、用于识别和杀死癌细胞的病毒以及对气候友好型燃料的研究；然而，由于缺乏对实验室设施的投资，顶尖人才和研究领导者正在往海外迁移；
- 美国有潜力在许多领域发挥领导作用，包括核聚变能源研究、机器人技术和量子信息技术。

企业对深度科学创新的影响

在美国，企业参与深度科学创新有着悠久而卓越的历史。当今一些最大的美国企业，根植于19世纪和20世纪早期蓬勃发展的深度科学。通用电气成立于1892年，以继续将托马斯·爱迪生在电力方面的发现商业化，包括电动机、发电机和照明。AT&T的历史可以追溯到1879年由亚历山大·格拉汉姆·贝尔发明的电话。杜邦公司成立于1802年，起源于1880年炸药的改良和商业化，并随着铁路的建设而蓬勃发展。

在第二次世界大战后，风险投资机构化运营之前，企业是美国的主要风险投资人之一。在20世纪70年代，企业取代联邦政府，成为研发的最大赞助商。此后，企业研发支出占GDP的2.5%～3%之间。

在科技创新的基础上，产品和服务出现激增，这鼓励了企业在研发支出上的增加。因此，在19世纪下半叶和整个20世纪，深度科学的科学家成了美国企业不可或缺的一部分。研发实验室经常储备一些最优秀、最聪明的科学家，他们的任务是帮助推动创新的前沿。有大量的书籍和成千上万的故事，讲述深度科学家在美国企业里所扮演的关键角色。[7]专栏2-1介绍了两位先驱企业发明家的贡献。

专栏2-1

深度科学企业的先驱发明家

凯瑟琳·布洛杰特（Katharine Blodgett）

科学家和发明家凯瑟琳·布洛杰特曾就读于布林茅尔学院（Bryn Mawr College）和芝加哥大学（University of Chicago）。她在很多方面都是先驱：她是第一个获得英国剑桥大学物理学博士学位的女性，也是通用电气公司聘用的第一位女性。在第二次世界大战期间，布洛杰特为军事应用提供了重要的研究，比如防毒面具、烟幕以及一种用于飞机机翼除冰的新技术。她在化学领域的工作，特别是在物体表面的分子层，产生了她最具影响力的发明：不反光玻璃。她的“隐形”玻璃最初被用于照相机和电影放映机的镜头，但也有军事用途，比如潜艇潜望镜。如今，不反光玻璃对于眼镜、汽车挡风玻璃和电脑屏幕仍然是至关重要的应用。

斯蒂芬妮·克沃勒克（Stephanie Kwolek）

从匹兹堡的卡内基梅隆大学（Carnegie Mellon University）毕业后不久，斯蒂芬妮·克沃勒克就开始了在化工企业杜邦的工作，她在那里度过了40年的职业生涯。她被分配去研究新的合成纤维，并在1965年完成了一个特别重要的发现。在使用一种属于聚合物的大分子液晶溶液时，她创造出了一种非常轻便耐用的新型纤维。这种材料后来由杜邦公司开发，用于制造芳纶纤维（Kevlar Fiber），这是一种坚韧且用途广泛的合成材料，常用于军用头盔、防弹背心、工作手套、运动装备、光纤电缆和建筑材料。在合成纤维方面的研究使得克沃勒克荣获国家技术奖（National Medal of Technology），并于1994年被选入美国发明家名人堂（National Inventors Hall of Fame）。

企业研发的成功已成为企业高管的首要任务，因为在技术变革加速的时代，企业需要促进创新以维持其市场竞争力和盈利能力。尽管研究和开发是密切相关的，但即便它们是截然不同的领域时，也往往会被混为一谈。从今天的美国企业研发趋势来看，这个领域正在从研究转移到更多地关注开发。此外，越来越多的人担心，由于投资者对季度收益的关注，美国的上市公司正在减少对长期发现的重视。

近年来，美国的短期主义问题引起了媒体的广泛关注。美国国家经济研究局（National Bureau of Economic Research）于 2015 年年初发布过一篇题为“杀死下金蛋的鹅？科学在企业研发中的衰落”的研究报告，该报告记录了自 1980 年以来，大型企业在科学研究上的迁移。[8]研究人员观察到，在过去几十年里，由企业资助的科学家发表的论文数量在各个行业都有所下降。该组织分析了 1,000 多家从事研发的机构从 1980 年到 2007 年的研究投资水平的变化。他们发现，在此期间那些机构发表研究论文的数量占比从 17%下降到 6%，而申请了专利的数量占比从 15%上升到 25%。研究人员还发现，可归于科学研究的专利价值已经下降，而技术知识（以专利衡量）的价值保持稳定。这些影响似乎与全球化和视野变窄有关，而无关于研究报告发布方式的变化，或者科学作为创新催化剂的作用的下降。

企业投资于研发，以促进创新，从而带来竞争优势、增加市场渗透率和盈利能力。创新对于商业成功至关重要。研究表明，与政府或学术机构的研发相比，企业在研发上的支出与新产品和新技术的创造联系更加紧密。

随着时间的推移，公司高管越来越清楚，成功的创新需要更紧密地将研发投资与商业战略结合起来。像加里·皮萨诺（Gary Pisano）这样的研究人员和史蒂夫·布兰克（Steve Blank）这样的创业者正在教育大公司，创新过程如何帮助他们在公司内部进行快速、有紧迫感的运营，以及初创公司如何获得成功。[9]

管理杂志《战略与经营》（*Strategy + Business*）的研究人员每年会针对企业研发趋势发布一份全面回顾。多年来，他们已经确认了能够改善公司研发投资回报的核心战略，并就推动业绩的因素达成了共识。从他们的分析中（包括对参与研发的高管的访谈）得到的一个关键信息是，创新领导者们认为，他们在更有效地利用研发投资成果方面取得了实质性进展，特别是通过更紧密地协调他们的创新和商业战略，及更好地了解客户明示和未明示的需求。2014 年《战略与经营》全球研发调研显示："44%的受访者表示，他们的公司比 10 年前更优秀，而另外 32%的人表示他们的公司比 10 年前优秀很多。只有 6%的人说公司的表现更差了。"[10]剩下的 18%的人说公司既没有变得更差也没有更好。

近年来，在科技领域加大研发投入的必要性越来越受到美国企业界的认同，《战略与经营》杂志在最新的研发支出展望中发现，未来 10 年企业的研发支出将会由渐进式创新更多地倾向于新型和突破式创新（见图 2-6）。[11]

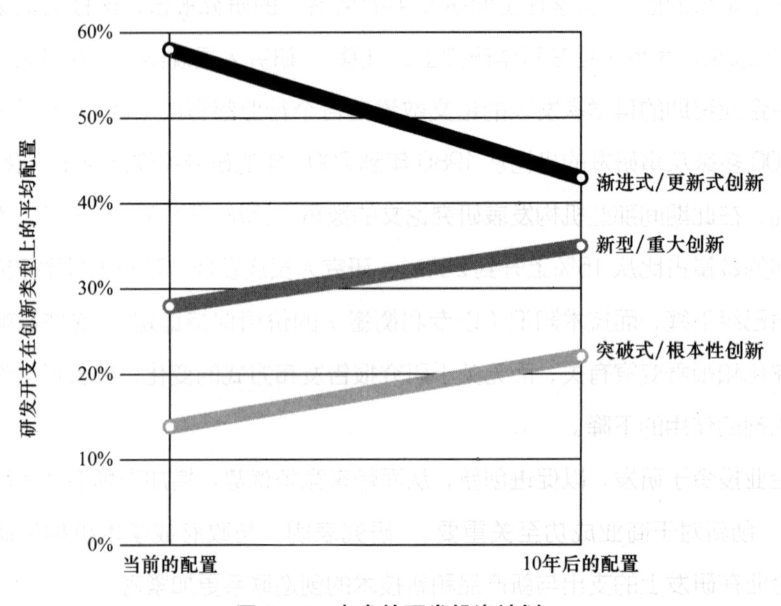

图 2-6　未来的研发投资计划

资料来源：Barry Jaruzelski, Volker Staack, and Brad Goehle, "The Global Innovation 1000: Proven Paths to Innovation Success," *Strategy + Business*, October 28, 2014.

《战略与经营》的研究人员指出，为了充分利用这一重大的支出分配变化，许多公司将需要对其创新能力和方法进行重大变革。这个观点与皮萨诺、布兰克及其他就创新战略与企业密切合作的知识分子相吻合。

许多参与深度科学的公司也积极涉足风险投资业务。英特尔、谷歌、礼来制药、辉瑞制药等知名科技公司和生物技术公司都利用它们的风险投资公司作为促进创新的一种方式。从理论上讲，建立一家企业风险投资机构的理由相当具有吸引力——尤其是在当今科技创新处于加速、商业格局正在发生变化的时代。企业风险投资基金的主要优势之一，是比传统研发有更好的灵活性、更快的节奏和更优的性价比。如果管理得当，这些优势对创新过程是非常有利的。[12]

尽管在理论上引人注目，但企业风险投资业务失败的可能性超过成功的可能性，与财务风险投资类似。从历史上来看，企业风险投资业务的平均寿命是一年左右。即使是拥有成功风险投资基金的企业，有时也会发现，整合在初创公司投资中所获得的知识是一项很有挑战性的工作。尽管如此，当风险投资业务蓬勃发展时，出现了一股成熟公司对此产生兴趣的风潮，这种趋势只会加剧风险资本业务的繁荣和萧条。企业风险投资活动的浪潮，正如 20 世纪 60 年代末、80 年代中期和 90 年代末期发生的，与风险资本投资和风投支持的 IPO 的繁荣相对应。

目前，这一想法的佐证是企业风险投资基金的增加，以及自 2011 年以来在全球范围内参与风险资本投资的企业数量高达 79%的增加（达到 801 家）。根据美国风险投资协会（National Venture Capital Association，简称 NVCA）的统计，从 2011 年到 2015 年风险资本的投资总额翻了一番，但同期企业风投基金的投资总额增长了三倍，达到 76 亿美元。[13]

深度科学：从突破性进展到商业化

将深度科学从研究实验室推向市场商业化，需要经历三个阶段。图2-7 描述了创建深度科学公司时的价值创造过程。在深度科学投资的早期阶段，创业者们开发了知识产权，并证明了这种技术可以在现实世界中发挥作用。

对于大多数学术机构和联邦研究机构的研究人员来说，科学的目标是发表论文。论文要发表，就必须记录成功的观察或实验，并解释其原因。如果该研究的成果是有形的，通常是由研究人员创建和描述的一个例子，那么焦点就转向发布结果。在风险投资领域，最初的发现通常被称为“英雄装置”（Hero

Device）。这是在实验室条件下创造、在实验室条件下操作、不需要关注成本或重复性的最佳可观测输出。

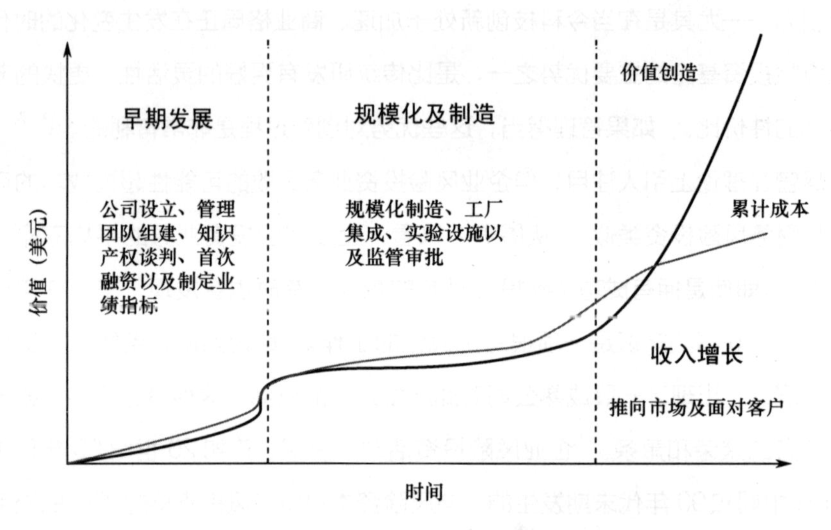

图2-7　深度科学：从实验室到市场化

资料来源：哈里斯集团（Harris & Harris Group）。

下一步，首先是拿到这个最初的发现或输出，并证明其创造过程是可以重复的；其次，证明在实验室里实现的每一种性能，都可以在真实情况下重现；第三，该产品可以按照具备市场竞争力的成本生产出来。通常是在处于早期发展阶段的时候形成公司，投入早期资本，组建管理团队，申请知识产权保护，建立实验室，并确定早期的绩效评估指标。

通常，在这个阶段有一个小的价值拐点来证明技术的价值。大多数情况下，如果在这个阶段实现了价值，这家公司就兑现了这项新技术的好处，并将其作为一种创新或者其原有技术的一种替代。然而，如果该技术更为深入，性能指标比现有市场上的可替代产品好得多，那么该公司可能还会寻求额外的投资来开发这项技术。

深度科学投资的真正瓶颈在于下一阶段，生产和制造阶段。给深度科学技术赋予使用功能通常需要大规模制造出一些有形的物体。在生命科学中，输出的产物可以是一种治疗药物、一种诊断工具，或者是一种能够对人类基因组进行序列化的机器。

在一项新技术进入实际制造并最终规模化之前，每个阶段都需要经历很长的时间。这是很困难的。通常，除了最初的发现之外，还需要多个组件来完成最终的产品。软件可以与创新硬件一起开发。以一个可重复的过程来促进该技术的普遍采用，这是需要时间的。成功的制造和规模化，所需要的资源远远多于早期开发所需的资源。

例如，在将特斯拉（Tesla）电动汽车推向市场的过程中，埃隆·马斯克（Elon Musk）在汽车工程和汽车制造方面进行了多种创新，在电动汽车动力传动系统方面的创新，电池的创新（正在进行中），以及软件开发，这使得特斯拉更像一个车轮上的计算机，而不是传统的汽车。所有这些创新都需要足够规模的批量制造，才能使特斯拉在市场上取得成功。在规模化及生产制造方面，以及创造一种可以产生收入的产品所需要的组件方面，埃隆·马斯克和杰夫·贝索斯（Jeff Bezos）的火箭创新是更为极端的案例。

深度科学投资的三个历史领域是半导体和电子、能源、生命科学（医疗健康和农业）。电子和半导体的规模化及制造阶段通常需要5～7年的时间、7,500万～1.5亿美元之间的成本，然后才能以市场可以接受的价格规模化生产一种新的半导体产品。近期的清洁能源技术，包括太阳能、风能、可再生化学和燃料，展示了与半导体行业类似的时间线，但将这类新的能源技术商业化推向市场的成本在4亿美元到10亿美元之间。但与治疗药物相比，这些案例都相形见绌。制药机构要花费大约18亿美元将一种新药推向市场（包括失败案例），而初创的生物技术公司已经证明，新药的三个阶段临床试验至少要花费2.5亿美元。[14]

规模化和制造通常不是风险投资人的专业知识。从历史上来看，随着大企业的成熟和体量增大，它们发展了这一技能。在这一阶段，风险投资人需要企业的帮助。如果能够整合成熟产业所使用的制造工艺，那么新技术在这一阶段的发展将会很好。如果整个生产工艺是全新的或者与现有的生产工艺不相符，那么就很难获得企业的帮助了。在后一种情况下，初创公司通常必须开发自己的生产和规模化模式。

在深度科学开发的生产和规模化阶段，其价值往往低于成本。在大多数深度科学创新中，除了药物开发以外，价值在这个阶段都难以实现，这就意味着需要投入大量资金，而资本配置的价值没有相应增加。这使得在早期开发和收入增长之间的空档期，很难吸引到额外的投资。在生物技术投资中，可以更早地实现价值拐点，因为大家普遍接受经过三期临床试验可以提升价值，这使得生物技术投资成为过去五年中表现良好的少数几个深度科学投资领域之一。

与深度科学投资不同，在软件投资中，一组程序员可以快速开发代码，然后通过互联网将产品发布到市场上。可以通过使用产品的用户数量或产品周围市场的参与情况，来确定产品的市场兴趣。然后，可以利用投资资金来开发收入模式，公司可以开始向一个被该产品吸引的大型市场进行销售。受众群体经常在正式发布之前就被确定了。

但是，对于深度科学技术，情况并非总是如此。对产品或技术的需求，通常只有在产品可以大规模生产的情况下才会出现。这意味着，在了解一项技术是否有市场需求之前，需要进行更大规模的投资。此外，在技术普及之前，市场的兴趣往往很难衡量。

将深度科学从研究实验室推向市场商业化，最后一个阶段是收入增长。对深度科学来说，价值拐点的增长速度会比收入增长更快。对于大多数深度科学技术来说，直到第三阶段，价值才会被许多投资人认可。对于大多数深度科学公司来说，在增加收入和实现利润之前，必须投入大量资金。在软件开始“吞噬世界”之前，这种资本可以广泛获得，但是寻求短期投资的资金现在已经转移到了那些可以在较短时间内创造价值拐点，并在实现收入增长之前所需资金量较少的技术上。

在深度科学投资领域的一个例外是药物研发，在这个过程中，将一种新药推向市场需要花费2.5 亿 ~ 18 亿美元。这意味着，在知道一种药物是否有效以及将在市场上的接受程度如何之前，一家公司的花费就已经在2.5 亿 ~ 18 亿美元之间。尽管成本极高，但自2000 年以来，生物技术投资领域一直保持强劲态势，只是在2008 年金融危机之后总体市场出现了短暂的中断。市场对于新药的投资兴趣依然浓厚，因为如果研制成功的话，通常会有一个受到高度监管和控制、规模巨大且不断增长的市场。此外，对药物研发过程的监管，创造了四个非常清晰的描述，投资人已经习惯用其来评估其价值：进入Ⅰ期、Ⅱ期和Ⅲ期临床试验，然后是获得批准和首次销售药物。

在进行人体（临床）试验之前，药物需要经过临床前试验，这个阶段等同于图2-7所示的早期发展阶段。在新药的临床前开发中，发起人的首要目标是确定该产品对人体是否足够安全，并展示其药理活性以证明其商业开发前景。在新药开发中，在药物发起人（通常是制造商或潜在的销售商）通过临床试验测试它的诊断或治疗潜力的时候，美国食品和药品管理局（FDA）的职责就开始了。在这个时候，按《联邦食品、药品和化妆品法案》的规定，化学分子的法律地位发生了变化，并正式成为了遵守药物监管体系特定要求的新药物。

在FDA批准了一种临床研究用新药（IND）之后，该药物将经过三期发展。第一期，通过临床试验确定药物在人体中的基本属性和安全性。通常情况下，这个阶段会持续1～2年。第二期，通过药效试验，对目标人群的志愿者进行药物治疗。在这个阶段结束时，制药商会与FDA的官员会面，讨论开发过程、继续的人体试验、FDA可能会考虑的任何问题以及第三期的方案，第三期通常是药物开发中工作量最大、最昂贵的部分。

由于推出一款新药需要满足一些相关管理条例，因此在新药投资中，出现了一个可行的市场。在新药物进入IND状态及在IND过程的三个阶段，其价值拐点被逐步实现。[15]私募市场投资人和公开市场投资人都认识到了这些价值拐点，从而催生出了一个投资市场，不同投资人在药物开发的不同阶段承担风险。

回到我们对深度科学投资的讨论，生产和规模化是早期发展阶段和收入增长阶段之间的关键，在这两个阶段，价值往往更广泛地得到实现。加里·皮萨诺和他的哈佛商学院同事威利·史（Willy Shih）在过去十年中为这个话题提供了一些最具活力的想法。在2012年出版的《制造繁荣》（*Producing Prosperity*）一书中，皮萨诺和史教授介绍了“模块化—成熟度矩阵”（见图2-8）。[16]他们讨论了为什么美国为了维持其全球竞争力，需要在制造业上实现复兴。除此之外，这个矩阵还解释了对于深度科学的创新和商业化，为什么生产和规模化是其中重要的组成部分。

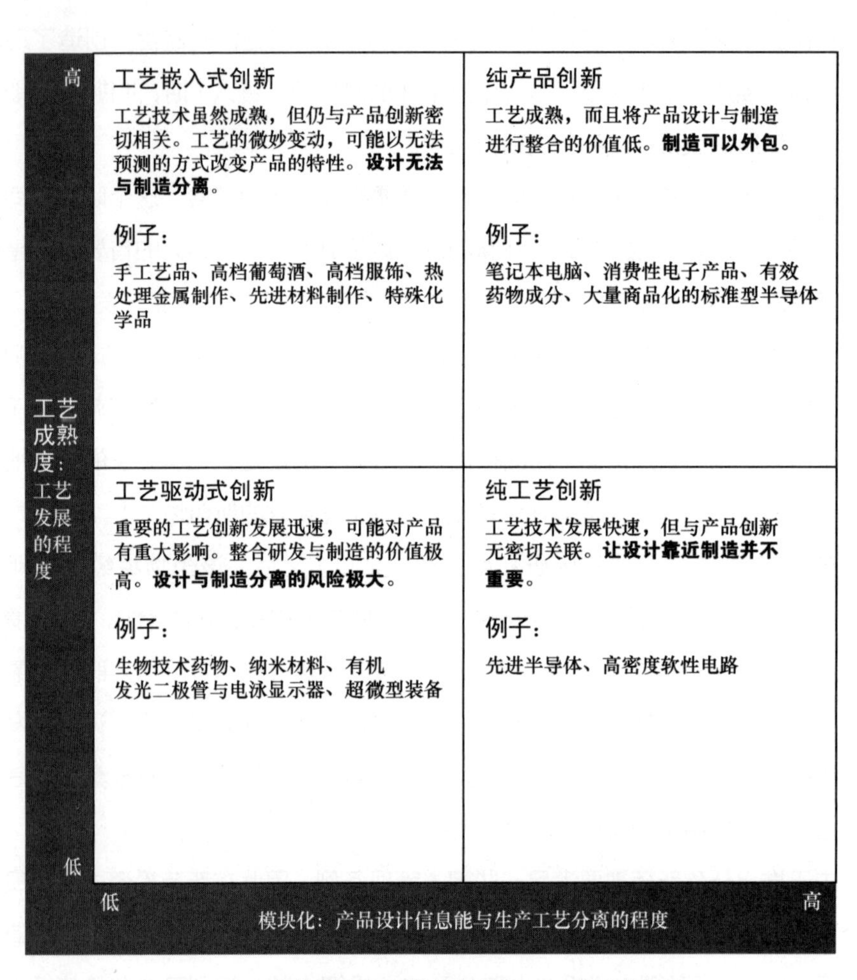

图 2－8　皮萨诺和史教授的模块化——成熟度矩阵

资料来源：Gary Pisano and Willy Shih, *Producing Prosperity*：*Why America Needs a Manufacturing Renaissance* (Boston: Harvard Business Review Press, 2012).

模块化—成熟度矩阵有四个象限：工艺嵌入式创新、纯产品创新、工艺驱动式创新和纯工艺创新。Y 轴描述了从低到高的工艺成熟度，X 轴描述了从低到高的制造工艺的模块化程度。当模块化程度低时，产品设计不能完全地在书面规范中编写，同时设计的选择会影响生产。当制造技术不成熟的时候，工艺的改进机会是巨大的，并且会影响最终的产品和成本。

大多数深度科学创新需要在技术层面取得突破，才能在生产、制造或使用新技术方面取得更多突破。 由于这个原因，深度科学技术通常位于模块化—成熟度矩阵的左下象限。 随着技术的发展，主要的工艺创新迅速发展，而这些互补的工艺创新对产品产生了巨大的影响。 皮萨诺和史教授引用了生物技术药物、纳米材料和电泳显示器的例子。 有时候，深度科学技术是在较高模块化程度的情况下开发出来的，但是大多数时候，工艺的成熟度仍然很低。 因为工艺技术不一定与产品创新密切相关，生产和规模化可能会更迅速地发生。 在这种情况下，工艺研发与制造之间的亲密关系，比产品设计与制造之间的亲密关系更重要。 因此，将生产布置在最有机会进行制造工艺创新的地方是明智的。 皮萨诺和史教授提供的例子包括先进的半导体和高密度的柔性电路。

多数情况下，深度科学的投资要求生产制造和产品设计结合在一起，但这意味着投资人面临更高的风险，因为产品技术和制造工艺技术是并行开发的。 这种风险是将深度科学技术推向市场时，生产和规模化成为关键阻碍的本质原因。解决深度科学创新中所呈现的生产和规模化问题，消耗了大量的时间和资金。如果缺少市场对这个阶段价值增长的认同，那么相对于软件行业的商业计划，投资深度科学就会变得非常困难——即便最终深度科学上的突破所获得的价值使其他创新的价值相形见绌。

从皮萨诺和史教授的工作中，我们也可以判断，要拥有一个充满活力的创新经济，就必须有各种不同的想法贯穿创新通道，从研发，到早期投资，到扩大规模，再到商业可行性。 如果这个创新通道狭窄而缺乏多样性，那么它所创造额外机会的数量也必然会更少。 另一方面，创新通道的广泛而多样，为更广泛的创新发展搭建了一个平台。 这个论点是由那些认为在美国保留制造业至关重要的人所提出的。 生产工艺的创新，会带来新的产品和进一步的工艺创新。

美国在计算机和电子游戏领域的早期领导地位，是微处理器革命的直接结果。 通过开发微处理器的基础结构，并了解处理器速度的提高如何使其他后续创新成为可能，美国的公司，尤其是硅谷的公司，在微处理器的下一代创新中确立了领导地位。 个人电脑的发展亦是如此。

深度科学创新的发展对于互联网的推动，是另一个例子，可以展示一系列基础水平的技术是如何在随后的数字技术中实现大量创新的。 互联网的底层基础来源于多个科学领域，包括数学、物理学、光学通信和信息理论。 基础知识的多样性成了其他许多产业发展的基础，所有这些都促进了互联网和软件投资的发展。 大多数情况下，在底层参与创新，通常有助于其在随后发展的行业中转而处于领导地位。 在过去的一个世纪及第二次世界大战后的多次经济发展升级中，深度科学创新的领导力对于美国来说一直尤为重要。

美国经济中的创业和风险投资

研究了深度科学创新的基础，我们现在可以把注意力转向传统风险投资在美国的作用。 与风险资本相关的投资活动对经济活力至关重要，这些活动促进了来自研发的经济回报，而研发又对创新过程至关重要。

事实上，创业者和风险投资人的生产力是推动资本主义经济繁荣的一个本质特征。 正如经济学家约瑟夫 · 熊彼特 1942 年在他的著作《资本主义、社会主义和民主》（*Capitalism*，*Socialism and Democracy*）中所写的那样：

> 但有别于教科书所描述的，资本主义现实中的竞争来自于新商品、新技术、新供应来源、新型组织结构等，这种竞争控制了决定性成本或质量优势，冲击的不是现有公司的利润率和产能，而是其基础和命脉。[17]

熊彼特的著作出版的那个年代，电力机械、家用电器、汽车和新的医疗手段正在改变着美国经济。 彩色电视、晶体管、即时摄影、图灵机、吉普车、青霉素、塑料制品、一次性尿布和胶带都是在 20 世纪 40 年代发明的。

随着数字计算革命的开始，熊彼特的言论获得了更广泛的传播。 此外，在熊彼特的著作出版后的几十年里，风险资本开始扩张和转型，最终形成了波士顿和硅谷主流的现代风险投资模式。 鉴于创业者和风险投资的出色表现，经济学家、企业高管、商界领袖和政策制定者对美国经济技术创新的重要性有了更大的认可。 事实上，“颠覆性创新”（具有熊彼特的色彩）已经成为现代商业术语的一部分。

在过去的半个世纪里，与风险投资人及研发型企业密切合作的创业者，将资源投入到研发中，激发了美国的经济活力。 创业者是创新的推动者，风险投资人通过提供资本资源和经验来促进其创新。 美国的创业经济的基础，是将创意转化为发明，然后转化为有组织的商业活动。 创业者将经济资源从低生产率的领域转移到生产率更高、收益更高的领域，而风险投资是这些创业者的主要资本来源。

风险投资资助创业者，已经被证明是美国创新和激发经济活力的有力组合。事实上，如果没有创业者的主动性和风险投资的支持，20 世纪下半叶的大量创新将不会发生。

创新涉及大量的不确定性、人类创造力和机遇。 传统的风险投资商业模式接受这些要素，风险投资的蓬勃发展，伴随着在不确定性和人类创造力上的冒险。 第二次世界大战之后，一些最伟大的美国创业者受益于与风险投资及风险投资人的密切合作。

创业者将科学产品和服务商业化，通常需要大量资金来推动业务，财务风险投资人和企业风险投资人为创业者提供资金、战略指导和管理协助。 尽管风险投资模式并不完美，但它已被证明是一种非常成功的做法，可以让基于深度科学的变革技术启动创新和商业化。

对于世界上一些最具活力和创新性的公司，风险投资在其融资方面发挥了重要作用，包括安进生物医药公司、苹果公司、雅达利游戏公司（Atari）、D-Wave 系统公司、基因泰克公司、谷歌公司、英特尔公司以及特斯拉公司。 风险投资催生了一些有活力的产业，例如微处理器、电子游戏、计算机、生物技术和互联网。

在 20 世纪 70 年代和 80 年代，企业风险投资也开始蓬勃发展，首先支持了一些由深度科学开发的新技术。 然而，在过去十年中，随着企业对自身利润的关注日益增强，研发和深度科学风险投资已经把更多的焦点放在后期产品的开发上。 随着风险投资行业变得更加机构化，风险资本家的关注范围也在缩小，而对深度科学创业公司的支持也在减少。

风险投资对美国经济产生了深远的影响。 尽管风险投资业务相对比较年轻，但由风险投资支持的公司已占到美国上市公司总市值的 1/5。 美国风险投资相对短暂的历史很清楚地表明，这一融资来源是经济活力的重要催化剂。

在美国，每年用于维持和发展企业的资本总额中，风险投资所占的比例相对较小。 在过去的50年里，美国的风险投资人已经募集了6,000亿美元，并通过这一资本池进行了数万笔投资（见图2－9）。 与此形成对比的是，在同一时期，私募股权投资（PE）行业的募资规模达到了2.4万亿美元，是风险投资的四倍。 2014年，私募股权投资行业募集了2,180亿美元，约七倍于风险投资行业所募集的310亿美元。 看着这些庞大的数字，人们可能很惊讶，风险投资基金只投资了美国新兴公司的0.2%。 但是，不要被这些统计数字误导。

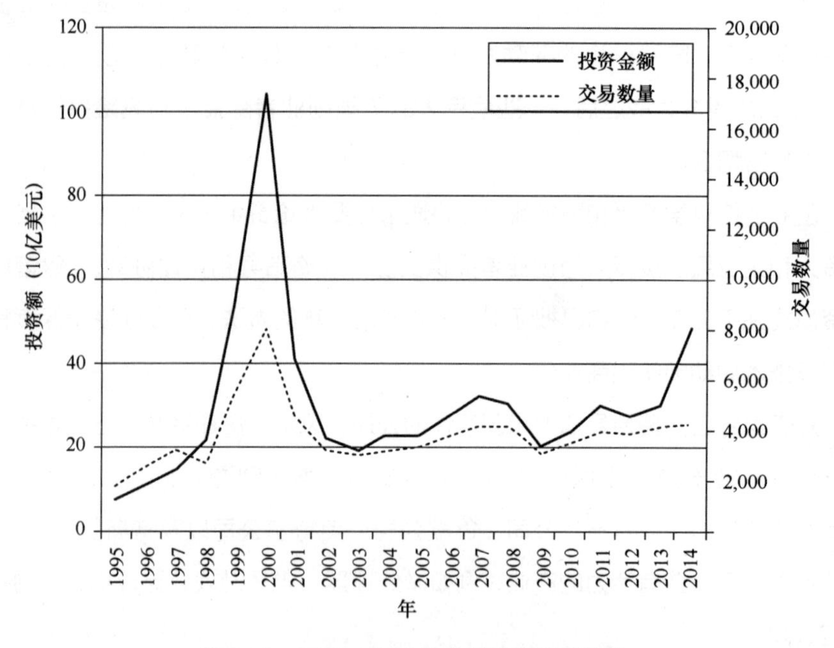

图2－9　1995－2014年美国风险投资趋势

资料来源：Pricewaterhouse Coopers/National Venture Capital Association, Historical Trend Data, https://www.pwcmoneytree.com/HistoricTrends/Custom Query Historic Trend.

风险投资的每年投资量相对较少，这掩盖了它对经济的影响。 斯坦福大学的研究人员伊利亚·A.斯德布拉耶夫（Ilya A. Strebulaev）和威尔·戈纳尔（Will Gornall）已经证明，在过去的30年里，风险投资已经成为美国创新公司融资的主导力量。 从谷歌到英特尔，再到联邦快递，由风险投资支持的公司已经彻底改变了美国经济，正如专栏 2 - 2 所总结的那样。

专栏 2 - 2

自 1979 年以来，风险投资支持的公司占美国上市公司的百分比

总数：43%

总市值：57%

总员工：38%

研发：82%

资料来源：*Ilya A. Strebulaev and Will Gornall,“How Much Does Venture Capital Drive the U. S. Economy?” Insights by Stanford Business*, October 21, 2015, www.gsb.stanford.edu/insights/how-much-does-venture-capitaldrive-us-economy.

风险投资的经济影响

斯德布拉耶夫和戈纳尔编制了一份超过 4,000 家上市公司的数据库，其总市值为 21.3 万亿美元，其中 710 家（占比 18%）为风险投资支持的公司，总市值为 4.3 万亿美元（占比 20%）。 他们观察到，风险投资支持的公司往往是年轻和快速增长的。 虽然风险投资支持的公司的利润只占总样本利润的一小部分（10%），但其研发支出却占总样本的高达 42%。

这一数字超过了政府、学术机构和私有公司研发支出总和（4,540 亿美元）的 1/4。 风险投资支持的公司也是劳动力市场的重要动力，雇用的员工多达 400 万。 创业公司和风险投资支持的公司在创造新就业岗位上的重要性，得到了美国人口普查局的商业发展统计计划的有力支持。 过去 20 年的数据表明，美国创造的几乎所有新增就业岗位都来自于创业公司。[18]

斯德布拉耶夫和戈纳尔指出，这些统计数据低估了风险投资的重要性，因为许多大型上市公司，如福特、通用汽车、杜邦和通用电气，都是在美国风险投资

业务出现之前成立的。 为了正确评估，研究人员又选取了那些在 1979 年及之后成立的公司进行研究，当时的谨慎人规则（Prudent Man Rule）㊀较为宽松，从而促进了风险投资业务的发展。[19]重新选择样本后的分析结果发生了很大改变，在 1979—2013 年间成立的 1,330 家公司的新样本中，有风险投资支持的公司为 574 家（占比 43%）。 这些公司在上市公司中的市值占比为 57%，员工人数占比为 38%。 此外，它们的研发支出占到新上市公司总研发支出的 82%。

这些结果也说明了政府监管的变化——如谨慎人规则——可能对整个经济产生影响。 同样值得注意的是，美国风险投资支持的公司在 IPO 中所占的比例一直很高。 根据斯德布拉耶夫和戈纳尔的研究，超过 2,600 家风险投资支持的公司在 1979—2013 年之间进行了 IPO。 在这段时间里，这些公司占美国 IPO 总数的 28%。 风险投资支持的公司占 IPO 公司总数的比例每年都有变动，在互联网泡沫时期，这一比例达到了 59%，但在过去的 20 年里，这一比例并没有超过 18%。

创新和风险资本是齐头并进的。 例如，在 2013 年，风险投资支持的美国上市公司在研发上投入了 1,150 亿美元，而在 1979 年，这一数字几乎是零。 如今，这些风险投资支持的公司在美国上市公司的研发支出中占比超过了 40%。平均而言，在刺激知识产权专利申请方面，风险资本的 1 美元所起到的效果似乎是传统企业研发的 1 美元的 3 ~4 倍。

创新产品推向市场的时间缩短，也与风险投资家的存在有关。 追求创新战略的公司，更有可能也更迅速地获得风险投资。 简而言之，风险投资对创新的影响是巨大的。[20]

㊀ 谨慎人规则（Prudent Man Rule，简称 PPR 或 PMR），是指在养老金计划和养老基金的投资管理过程中，投资管理人应当达到必要的谨慎程度，这种必要的谨慎程度是指一个正常谨慎的人在从事财产交易时所应具有的谨慎程度。也就是说，谨慎人规则通常不对养老基金的资产配置（如投资品种、投资比例）作任何数量限制，但要求投资管理人的任何一个投资行为都必须像一个谨慎的商人对待自己的财产那样考虑到各种风险因素，为养老基金构造一个最有利于分散和规避风险的资产组合。——译者注。

正如斯德布拉耶夫和戈纳尔所观察到的，风险投资支持的公司的研发支出不仅为这些公司创造了价值，并且通过积极的溢出效应为整个国家和全球经济创造价值。风险投资基金的作用是扩大经济蛋糕的规模，不仅让那些支持他们的创业者和风险投资人受益，而且还能给他们的客户和社会带来很多可以持续多年的受益。

斯德布拉耶夫和戈纳尔的分析支持这样一种观点，即相对较少的风险资本创造了大量有活力的公司，这反过来又会推动创新，并创造就业。风险投资一直是美国经济活力的重要催化剂，因为风险投资人专注于投资具有重大成长潜力的创新型公司。通过使用相对较少的资金，风险投资人促进了变革性创新的发展与渗透。

在第 3 章中，我们将关注美国风险投资的历史，及其在将深度科学技术引入市场方面所承担的历史角色。通过这个过程，我们将了解到风险投资是如何运作的，以及它在促进研发方面的作用。

注释

1. Subhra B. Saha and Bruce A. Weinberg, "Estimating the Indirect Economic Benefits of Science," November 15, 2010, www.nsf.gov/sbe/sosp/econ/weinberg.pdf; see also www.sciencecoalition.org/federal_investment. 相反的观点，参见 Colin MacIlwain, "Science Economics: What Science Is Really Worth," *Nature* 465 (2010): 682 – 684, www.nature.com/news/2010/100609/full/465682a.html.

2. Battelle and R&D Magazine, 2014 *Global R&D Funding Forecast*, December 2013, http://www.rdmag.com/sites/rdmag.com/files/gff-2014-5_7%20875x10_0.pdf.

3. Vannevar Bush, *Science: The Endless Frontier; A Report to the President* (Washington, DC: Office of Scientific Research and Development, July 1945).

4. Judith Albers and Thomas R. Moebus, *Entrepreneurship in New York: The Mismatch Between Venture Capital and Academic R&D* (Geneseo, NY: Milne Library, SUNY Geneseo, 2013), 30.

5. Congressional Budget Office, *Updated Budget Projections: Fiscal Years* 2013 *to* 2023, May 14, 2013, https://www.cbo.gov/publication/44172.

6. MIT Committee to Evaluate the Innovation Deficit, *The Future Postponed: Why Declining*

Investment in Basic Research Threatens a U. S. Innovation Deficit, April 2015, http://dc.mit.edu/innovation-deficit.

7. See, for example, Jon Gertner, *The Idea Factory: Bell Labs and the Great Age of American Innovation* (New York: Penguin, 2013).
8. Ashish Arora, Sharon Belenzon, and Andrea Patacconi, "Killing the Golden Goose? The Decline of Science in Corporate R&D" (NBER Working Paper No. 20902, National Bureau of Economic Research, Cambridge, MA,January 2015).
9. Steve Blank, "Lean Innovation Management—Making Corporate Innovation Work," *Steve Blank* (blog), June 26, 2015, http://steveblank. com/2015/06/26/lean-innovation-management-making-corporate-innovation-work/. See also Gary P. Pisano, "You Need an Innovation Strategy," *Harvard Business* Review, June 2015, https://hbr. org/2015/06/you-need-an-innovation-strategy.
10. Barry Jaruzelski, Volker Staack, and Brad Goehle, "The Global Innovation 1000: Proven Paths to Innovation Success," *Strategy + Business*, October 28, 2014, www. strategy-business.com/article/00295? gko = b91bb.
11. Ibid.
12. Josh Lerner, "Corporate Venturing," *Harvard Business Review*,October 2013, https://hbr.org/2013/10/corporate-venturing.
13. Randall Smith, "As More Companies Invest in Start-Ups, Soft Market Poses a Test," *New York Times*, April 19, 2016.
14. Alex Philippidis, "Despite Big Pharma Retreat, R&D Spending Advances," *GEN: Genetic Engineering & Biotechnology News*, March 15,2015, http://www.genengnews.com/gen-articles/despite-big-pharma-retreat-rd-spending-advances/5446? q = Pharma% 20spending% 20 $1. 8%20billion.
15. Thomas J. Hwang, "Stock Market Returns and Clinical Trial Results of Investigatio nal Compounds: An Event Study Analysis of Large Biopharmaceutical Companies," *PLOS ONE*, August 7, 2013, http://journals. plos. org/plosone/article? id = 10. 1371/journal. pone. 0071966; Michael D. Hamilton, "Trends in Mid-stage Biotech Financing" (independent study, Tuck School of Business at Dartmouth, 2011), http://docplayer.net/10258764- Trends-in-mid-stage-biotech-financing.html.
16. Gary P. Pisano and Willy Shih, *Producing Prosperity: Why America Needs a Manufacturing*

Renaissance (Boston: Harvard Business Review Press, 2012), 66.

17. Joseph Schumpeter, *Capitalism*, *Socialism and Democracy* (New York: Harper, 1942), chapter 7.

18. George Gilder, *Knowledge and Power*: *The Information Theory of Capitalism and How It Is Revolutionizing Our World* (Washington, DC:Regnery, 2013), 33.

19. 在美国劳工部于 1979 年澄清了《就业退休收入保障法》（ERISA）的“谨慎人规则”之后，对风险资本基金的资金承诺增加了。 在此之前，该规则规定，养老基金的管理人员必须在“谨慎人”原则下进行投资。 因此，许多养老基金完全基于这样一种信念而不参与风险资本的投资：投资创业公司对基金而言可能被视为轻率之举。 1979 年年初，美国劳工部规定，投资组合多样化是决定个人投资谨慎性的一个考虑因素。 因此，这一规定意味着，将投资组合的一部分分配给风险投资基金，并非轻率之举。 这一澄清，为养老基金参与风险投资打开了大门。

20. Josh Lerner, *The Architecture of Innovation* (Boston: Harvard BusinessReview Press, 2012).

第3章 深度科学和美国风险投资的发展

Venture Investing in Science

自从组织化的商业活动开始以来，财务风险投资就一直在得到运用。16 世纪，荷兰、葡萄牙、西班牙和意大利政府资助了跨大西洋的航海和贸易，他们参与的就是某种形式的风险投资。支持英国和美国第一次及第二次工业革命所诞生技术的投资人，也是参与了某种形式的风险投资。然而，作为一个有组织、专业、大规模的产业，风险投资在 20 世纪 30 年代的美国经济大萧条时期才被构想出来，直到 20 世纪下半叶才真正“诞生”。

斯宾塞·安特（Spencer Ante）的《创意资本》（*Creative Capital*）一书，最完美详尽地记录了美国风险投资的形成和美国第一家风险投资机构——ARD 的历史。这一章前面部分的大多数内容都是从他的作品中汲取的。

美国大萧条时期的税收政策，致使 20 世纪 30 年代和 40 年代美国经济缺乏风险投资，从而导致了创新的不足。从 1932 年到 1937 年，一系列的税收法案限制了小公司通过盈利积累资本的能力，也限制了富有个人投资小公司的行为，结果是资金不成比例地流入了保守的信托投资基金、保险公司和养老基金。

正如斯宾塞·安特所描述的，这种情况导致纽约大学金融学教授马库斯·纳德勒（Marcus Nadler）在 1938 年的投资银行家协会会议（Investment Bankers Association Conference）上发表了评论：“如果整个国家的投资人，无论大小，都不愿购买新兴产业新发行的证券，拒绝承担一位商人应当承担的风险，那么新兴产业将在哪里获得所需的资本？这样的发展是否会减缓国家的经济发展？”[1]

在 19 世纪 30 年代，新英格兰地区的工业经济学家开始讨论如何解决由受监管的经济造成的风险投资冷清的问题。 在以组织形式设立的团体中，最突出的是新英格兰委员会（New England Council）。 这个组织明白，新英格兰的大学和工业研究中心，包括麻省理工学院，都是有价值且可以更有效使用的资产。

大约在同一时间，普林斯顿大学的物理学家卡尔·泰勒·康普顿（Karl Taylor Compton）成了麻省理工学院的校长。 1934 年，他提出了一个名为“产研结合”（Put Science to Work）的计划。 这个计划的重点，是发展在科学创新中建立的新产业。 新英格兰委员会支持康普顿的想法，并在 1939 年成立了“新产品”委员会，研究如何利用新产品去协助扭转新英格兰地区某些产业的衰落态势。

这个新委员会聚集了一些思想非常开明的人，包括康普顿、乔治·多里奥特（Georges Doriot）、拉尔夫·弗兰德斯（Ralph Flanders）以及梅里尔·格里斯沃尔德（Merrill Griswold）。 乔治·多里奥特被安排负责一个名为“发展程序和风险资本”（Development Procedures and Venture Capital）的分委员会。[2]这个分委员会得出的结论是：新成立的公司可以获得资本支持，但是需要为这些新公司进行有组织的专业性技术分析，以提供必要的评估要素来吸引这些资金。

对美国的创业精神而言，第二次世界大战是一个很大的刺激。 战争鼓励了在新技术和新生产方法方面的冒险。 斯宾塞·安特在《创意资本》一书中详细介绍了三个例子。 第一，合成橡胶工业的兴起和成功，源于战争之前的一项未经证实的技术的快速发展；第二，为战争而开发的技术的成功，鼓励着许多投资人追求更大的风险，因为回报潜力更明显了；第三，盟军的胜利消除了大萧条时期懦弱的最后一丝痕迹，取而代之的，是一种新生的自信和尝试的发展。[3]

第二次世界大战也改变了美国联邦政府在基础研究中所扮演的角色，这种系统化的研究，是在不需要特定应用或商业化产品的情况下，获得更深入的知识或理解。

在第二次世界大战之前，美国每年的基础科学支出不到 4,000 万美元，然而到 1943 年，美国研究型大学和基金会的基础科学支出就已经翻了一倍多，达到 9,000 万美元。[4]在战后的几年里，政府每年的研发预算中有 10% ~ 15%用于基础研究，其中约一半用于大学，大学里的基础研究占了所有研究的 2/3。[5]

第二次世界大战后研究型大学的崛起，很大程度上是范内瓦 · 布什战后愿景的产物，该愿景在 1945 年向总统提交的题为《科学：无尽的前沿》的报告中有所体现。 布什是一名美国工程师、发明家和科学管理者，他曾在二战期间担任美国科学研究与发展局（Office of Scientific Research and Development，简称 OSRD）的负责人。 OSRD 创建了曼哈顿计划，并向麻省理工学院提供了大量资金。 布什将联邦政府对研发的支持定义为“战后社会契约”。 这一“契约”的核心前提，是联邦政府将支持大学研究并允许大学拥有高度的自我管理和知识自主权，作为回报，大学所取得的收益将被广泛地分散在社会和经济之中。[6]

第二次世界大战之后，随着 OSRD 的解体，布什和其他一些人希望和平时期的政府研发机构能够取代 OSRD。 布什认为，鉴于基础研究在军事和商业上的作用，它对国家的生存至关重要——技术上的优势可能是对未来敌对侵略的一种威慑。 在《科学：无尽的前沿》报告中，布什坚持认为，基础研究是“技术进步的心脏起搏器。 新产品和新工艺在出现的初期都是不成熟的，它们建立在新原理和新概念之上，而这些又是通过在最纯粹的科学领域的研究才艰难实现的！”[7]

以现代模式组织的风险投资，可以追溯到第二次世界大战之后，当时麻省理工学院的校长卡尔 · 泰勒 · 康普顿公布了他创建一种新型金融机构的计划，此机构为技术和工程公司的发展提供资金。 康普顿与新英格兰委员会的新产品委员会进行了接洽，并说服他们成立了一家新的风险投资机构。 最终于 1946 年 6 月 6 日，ARD 成立，由乔治 · 多里奥特担任董事会主席，其他成员还包括拉尔夫 · 弗兰德斯，小弗雷德里克 · 布莱克索尔（Frederick Blacksall），麻省理工学院财政部长霍勒斯 · 福特（Horace Ford）。

ARD：机构型风险投资的案例研究

1946 年上半年，另外两家风险投资机构也成立了，分别是由东海岸惠特尼家族创办的惠特尼公司（J. H. Whitney and Company）和由洛克菲勒家族创办的洛克菲勒兄弟公司（Rockefeller Brothers Company）。但是，ARD 是第一家从非家族基金中寻求资金的机构，其资金主要来源是机构投资方，比如保险公司、教育机构和投资信托基金。作为第一家上市的风险投资机构，ARD 希望通过专注于技术投资，以及为这种规模较小、新生的社群提供知识方面的领导力，来实现创业精神的民主化。[8]

ARD 的风险投资始于 1946 年，最初管理的资本规模为 350 万美元，其中 180 万美元来自于九家金融机构、两家保险公司和四所大学（麻省理工学院、莱斯大学、宾夕法尼亚大学和罗彻斯特大学）。其余的资金由个人股东提供。[9]

风险投资的想法太过于新潮，甚至让 ARD 的创始人被迫重新考虑金融监管结构，以使这个想法更加可行。依照 1940 年美国证券交易委员会（SEC）的《投资公司法案》（Investment Company Act），在面向市场发行股票之前，ARD 不得不寻求该法案下的多项豁免权。

例如，国会和 SEC 不允许投资公司通过“投资金字塔”㊀来扩大其控制权，这种情况在 20 世纪 20 年代经常发生。因此，《投资公司法案》的其中一个条款规定就是，一家投资公司不能拥有另外一家投资公司超过 3%的有表决权股票。以 ARD 为例，麻省投资者信托基金（Massachusetts Investors Trust）将不被允许购买大量的 ARD 股票。这项条款至今仍然有效，任何一家投资基金都不得拥有其他任何一家商业开发公司 3%以上的股份，任何一家投资公司（即

㊀ Investment Pyramid：投资金字塔。依据安全和稳健原则确定的投资资产配置方案，配置比例和数量的形态类似一座金字塔。在塔的底部高比例放置低风险、易变现投资品种，如现金、现金等价品种及政府债券；中部放置增长和收益兼顾品种，比例低于前者，如公司债券和股票；顶部少量安排高风险、高回报投资品种，如金融衍生产品。——译者注

使管理多只基金的投资公司）都不得拥有其他任何一家投资公司 10% 以上的股份。

乔治 · 多里奥特 1899 年出生于法国，20 世纪 20 年代移民到美国并获得 MBA 学位，随后成为哈佛商学院的教授。 1940 年，他成为美国公民，次年在美国陆军军需部队（U.S. Army Quartermaster Corps）被任命为中校。 作为军需总部的军事规划部主管，他的工作职责包括军事研究、发展和规划，他最终晋升为准将。

多里奥特为早期投资的风格设定了基调：“ARD 不做一般意义上的投资。相反，ARD 投资关注的重点在于备选公司的成长潜力，ARD 愿意适当承受风险。”[10] ARD 的理念是，不仅仅提供货币投资的指导，在必要时还提供管理协助和技术咨询。 ARD 在最初一年半的时间里进行了六笔投资，展示了它希望资助的深度科学的广泛类型：

Circo 公司（Circo Products）：一家位于克利夫兰的公司，开发了一种通过将汽化溶剂注入汽车变速器来融化汽车发动机润滑油的方式。

高压工程公司（High Voltage Engineering Corporation）：一家起源自麻省理工学院的公司，开发了一款 200 万伏特的发电机，其功率是现有 X 光机的八倍。

Tracerlab 公司（Tracerlab Incorporated）：一家由麻省理工学院的科学家创立的商业原子能公司，公司业务为销售放射性同位素、制造辐射检测仪器。

贝尔德公司（Baird Associates）：一家马萨诸塞州剑桥市的公司，制造对金属和气体进行化学分析的仪器。

Jet-Heet 公司（Jet-Heet Incorporated）：一家位于新泽西州的公司，利用喷气式飞机的引擎技术开发家用火炉。

斯奈德化学公司（Snyder Chemical Corporation）：一家为造纸和胶合板行业开发新树脂的公司。

1951 年，ARD 重申了通过创立新公司来承担预期风险的理念。 这一次，ARD 将其在 1951 年对 Ionics 公司的投资当作案例。 这是一家起源自麻省理工学院的公司，该公司展示了一种新型的薄膜，其淡化海水的成本比任何其他已有技术更低，这种产品最初在加利福尼亚州科林加（Coalinga）得到应用，取代了之前通过铁路运输的淡水。

1952 年，高压工程公司和 Ionics 公司的成功使 ARD 的董事们相信，最好的机会是科技公司的早期投资。这些都是风险最高的投资，但也是最有可能产生最大财务回报的投资。

1957 年，在苏联成功发射“斯普特尼克 1 号”（Sputnik 1）人造卫星后，美国政府开始意识到早期科技投资的重要性。在苏联取得这一成就之前，美国曾认为自己是导弹和太空技术的世界领导者。就像第二次世界大战一样，斯普特尼克的发射是美国创新历史上一个深刻的转折点。

在接下来的一年里，美国政府实施了一系列由联邦政府资助的项目，比如 1958 年的美国国防部高级研究计划局（Department of Defense's Advanced Research Projects Agency），这一系列动作打造了高科技、创业型的经济。同年，总统德怀特·艾森豪威尔签署了创建美国国家航空航天局（NASA）的法案，并因此让国会大幅增加了科研经费。

斯普特尼克同时也激发了公众对风险投资的支持，1958 年，艾森豪威尔总统签署了《中小企业投资法案》（Small Business Investment Act，简称 SBIA），拨款 2.5 亿美元启动“中小企业投资公司”（Small Business Investment Company，简称 SBIC）项目，该项目为创业者提供了税收优惠和补贴贷款。

ARD 的时代是从 20 世纪 50 年代末到 60 年代。从 20 世纪 50 年代末到 1962 年，美国经历了高科技股票的首次繁荣。谢尔曼·费尔柴尔德（Sherman Fairchild）是仙童摄影器材公司（Fairchild Camera and Instrument）的创始人，他在 1960 年的时代周刊封面故事中被称为“新科学家—商人—发明家的缩影”。[11]自成立以来，ARD 一直在利用公开市场为其投资组合公司提供资金支持，后也转向场外交易。同样在 1960 年，ARD 投资了泰瑞达公司（Teradyne），这是一家由麻省理工学院的学生亚历克斯·达贝罗夫（Alex d'Arbeloff）和尼克·迪沃夫（Nick DeWolf）创办的公司，该公司制造的“工业级”电子测试设备成了半导体行业发展的关键。

也是在 20 世纪 60 年代，ARD 第一笔实现本垒打型成功的投资——DEC——开始蓬勃发展。DEC 被公认为是在 20 世纪 60 年代第一家成功将小型计算机推向市场的公司。ARD 向 DEC 投资了 7 万美元，在该公司 1968 年 IPO 后，这笔投资的价值增长了 500 多倍。DEC 的成功证明，风险投资可以通过支持一家热门、新颖、创新的公司来创造巨大的财富。

在后来的几十年里，ARD 以三个关键的方式，证明了风险投资行业的基础。首先，ARD 证明，最具风险的投资可能是最有价值的，并且最大的资本收益可能从最年轻的公司获得；其次，ARD 表明，大多数风险投资并非建立在一夜之间的成功之上，而是建立在稳健、管理良好的公司稳步增长的基础上；第三，ARD 证明了对深度科学技术的投资是有回报的，因为在这些专业技术领域，产品受到专利保护，这使得小公司更容易与大型公司竞争。

然而，也是在 20 世纪 60 年代，人们看到了 ARD 最终衰落的第一个迹象：它的结构性问题。作为一家上市的投资公司，ARD 一直缺乏来自美国 SEC 的理解和宽容。在 ARD 的整个存续过程中，它一直在与美国 SEC 斗争，争端主要包括投资人所有权准则（Investor Ownership Guidelines）、报酬、估值、被投资公司的员工所有权，以及将被投公司的专有财务信息放在自己的财务报表中等问题，这使得小型创业公司不太想接受 ARD 的投资。

尽管作为一家风险投资机构，ARD 面临的最大困难是结构性的，但它的解体以及投资转向私人合伙机构，可以追溯到 1965 年，身为 ARD 员工、多里奥特的潜在继任者威廉 · 埃尔弗斯（William Elfers）的离职。埃尔弗斯于 1947 年加入 ARD，并在一年内被任命为董事、财务主管和 ARD 在弹性管道公司（Flexible Tubing）的投资负责人。[12]到 1951 年，埃尔弗斯逆转了弹性管道公司的颓势，并在几年中挽救了许多类似的陷入困境的被投资公司。

埃尔弗斯离开 ARD 之后，成立了自己的风险投资合伙企业——格雷洛克资本管理公司（Greylock Capital），他认为私人合伙模式可以解决 ARD 监管结构仍在面临的众多问题。与惠特尼公司和洛克菲勒兄弟公司不同，格雷洛克资本是第一家从几个家族那里——而非单一有限合伙人处——筹集资金的私人风险投资机构。1965 年，埃尔弗斯从五个富裕的家族中筹集了 500 万美元，其中包括

IBM 的沃森家族（Wastons）、康宁玻璃厂（Corning Glass Works）的沃伦·康宁（Warren Corning）以及仙童半导体公司创始人谢尔曼·费尔柴尔德。

不过，格雷洛克资本并不是第一家有限合伙形式的风险投资机构。第一家有限合伙投资机构 1959 年成立于加州的帕罗奥图（Palo Alto），是由威廉 H.德雷珀三世（William H. Draper III）——乔治·多里奥特教授在哈佛大学的学生——创办的名为 Draper, Gaither and Anderson 的机构。1962 年该机构在从德雷珀家族及约翰逊家族募资 15 万美元、从 SBIC 募资 30 万美元后，重组为 Draper and Johnson 投资公司。此外在 1961 年，亚瑟·洛克（Arthur Rock）——一位投资银行家、多里奥特在哈佛大学的学生，和汤米·J.戴维斯（Tommy J.Davis）——一位房地产投资人，合资创立了这个风险投资行业的第二重要的合伙机构——风险投资机构戴维斯洛克公司（Davis and Rock）。

但是，在 1972 年，格雷洛克资本做出了一项决定，永远地改变了风险投资行业的性质：通过建立新的合伙机构（基金）的方式来实现增长，而不是为现有的基金募集新资金。这使得格雷洛克资本可以在新的基金中，增加年轻普通合伙人（General Partner）的所有权。这也使得基金更容易接纳新的有限合伙人（Limited Partner），因为对新投资人来说，不存在对现有投资组合进行估值的问题。最后，给基金设置一个固定的开始日期和结束日期，使得基金更容易汇报业绩。这种十年生命周期的基金形式，已成为风险投资界的一个固定配置。

美国深度科学风险投资向西扩张

在 20 世纪 60 年代，美国东海岸继续以最大的资本池控制着风险投资行业，这要归功于 ARD、格雷洛克资本、洛克菲勒兄弟公司和富达创业投资公司（Fidelity Ventures），但随着第二次世界大战的爆发，形势开始发生变化。

在第二次世界大战之前，由于大学的领导地位和财务优势，美国东北部享有区域优势。麻省理工学院是美国顶尖的科学和工程学院，而哈佛是顶级的商学院，纽约是世界金融之都。即使在第二次世界大战之后，美国东北地区仍然保留着它的技术优势。两个重要的政府研究实验室——劳伦斯辐射实验室和林肯实验室——诞生于麻省理工学院，而 ARD 投资支持的 DEC 就起源于林肯实验室。

但在 20 世纪 60 年代，美国西海岸开始接管深度科学技术产业，关键因素是加州理工学院在尖端科学技术领域不断上升的领导力，以及斯坦福大学教授弗雷德里克·特尔曼（Frederick Terman）的领导地位。特尔曼是在麻省理工学院学习的工程学，但于 1926 年在斯坦福大学获得了他的第一个教师职位。在接下来的几年里，他沮丧地看到自己的顶尖学生大批量奔赴东海岸就业。例如，1934 年，他的两名顶级学生戴维·帕卡德（David Packard）和威廉·休利特（William Hewlett）在毕业后去了东部，帕卡德在通用电气公司参加了管理培训，而休利特在麻省理工学院开始了他的毕业作品创作。然而，特尔曼曾鼓励他们回到斯坦福大学，并愿意为他们提供奖学金和兼职工作。

特尔曼喜欢做的一件事，是在参观当地电子公司时顺便开展招募工作，这使得特尔曼可以招募到他所寻求的顶尖人才。正是在 1939 年，特尔曼鼓励休利特和帕卡德在戴维·帕卡德家的后院车库中，建立了惠普公司（Hewlett-Packard Company，简称 HP）。

在范内瓦·布什的要求下，第二次世界大战期间特尔曼在哈佛大学的无线电研究实验室工作，在战争结束后，他回到了斯坦福大学并担任工程学院院长。在这里，他继续指导着进入私营部门的一代领先的研究人员。这项工作在 1956 年达到了顶峰，当时特尔曼帮助诺贝尔奖得主威廉·肖克利（William Shockley）给贝克曼仪器公司（Beckman Instruments）的肖克利半导体实验室招募了一批最优秀的人才。

西海岸风险投资的崛起，大部分原因可以追溯到多里奥特在 ARD 的领导，或者是 1957 年“叛逆八人帮”（Traitorous Eight）从肖克利半导体实验室出走组建仙童半导体公司。“叛逆八人帮”的成员包括：朱利叶斯·布兰克（Julius Blank）、维克多·格里尼克（Victor Grinich）、金·赫尔尼（Jean Hoerni）、尤金·克莱纳（Eugene Kleiner）、杰·拉斯特（Jay Last）、戈登·摩尔（Gordon Moore）、罗伯特·诺依斯（Robert Noyce）和谢尔顿·罗伯茨（Sheldon Roberts）。亚瑟·洛克——当时的一名海登斯通（Hayden Stone）在纽约的投资银行家——通过尤金·克莱纳的父亲结识到了“叛逆八人帮”。在经过重重困难后，直到 1957 年 9 月，亚瑟·洛克才成功地找到了一家公司来支持这个团队，他说服了投资人谢尔曼·费尔柴尔德，并在 1957 年 9 月创建了仙童半导体公司。

后来在 20 世纪 70 年代初，尤金·克莱纳与汤姆·帕金斯（Tom Perkins）联合创立了 Kleiner Perkins 投资公司（现在被称为 Kleiner, Perkins, Caufield and Byers 投资公司，简称 KPCB），汤姆是他在惠普公司的校友，也是多里奥特的朋友，曾是多里奥特在 ARD 的潜在继任者。KPCB 因投资天腾电脑公司（Tandem Computers）和基因泰克公司而声名鹊起。在仙童半导体公司负责销售和营销的唐纳德 T.瓦伦丁（Donald T. Valentine）于 1972 年创立了现在名声大噪的红杉资本（Sequoia Capital），红杉资本曾投资雅达利游戏公司和苹果公司。亚瑟·洛克在 1961 年与汤米·戴维斯合作创办了戴维斯洛克公司，并于 1968 年完成了英特尔的融资交易，当时戈登·摩尔和罗伯特·诺依斯决定离开仙童半导体公司。洛克协助英特尔公司编写了商业计划，并筹集了最初的 250 万美元。

其他的西海岸风险投资机构在 20 世纪 60 年代末和 70 年代初开始出现，包括由汤米·戴维斯在与亚瑟·洛克分道扬镳后创办的梅菲尔德基金（Mayfield Fund）；由比尔·德雷普（Bill Draper）和保罗·韦瑟斯（Paul Wythes）创办的苏特希尔风险投资机构（Sutter Hill Ventures），以及由里德·丹尼斯（Reid Dennis）创办的机构风险合伙机构（Institutional Venture Associates，简称 IVA）。

美国早期风险投资的演变如图 3－1 所示。

最早的时候，风险投资的重点是将深度科学的技术推向市场，这从 ARD、格雷洛克资本、戴维斯洛克风险投资公司、KPCB 和红杉资本的早期投资中就可以看出来。

然而，在下一章我们将会看到，风险投资已经越来越多地从深度科学的商业模式转向软件的商业模式。鉴于过去在促进创新和繁荣方面，深度科学发挥了不可或缺的作用，这种转变有重大的经济影响。在讨论风险投资性质的不断变化以及近期风险投资多样性崩溃问题之前，我们先花一些时间来研究风险投资的框架和它的一些特性。

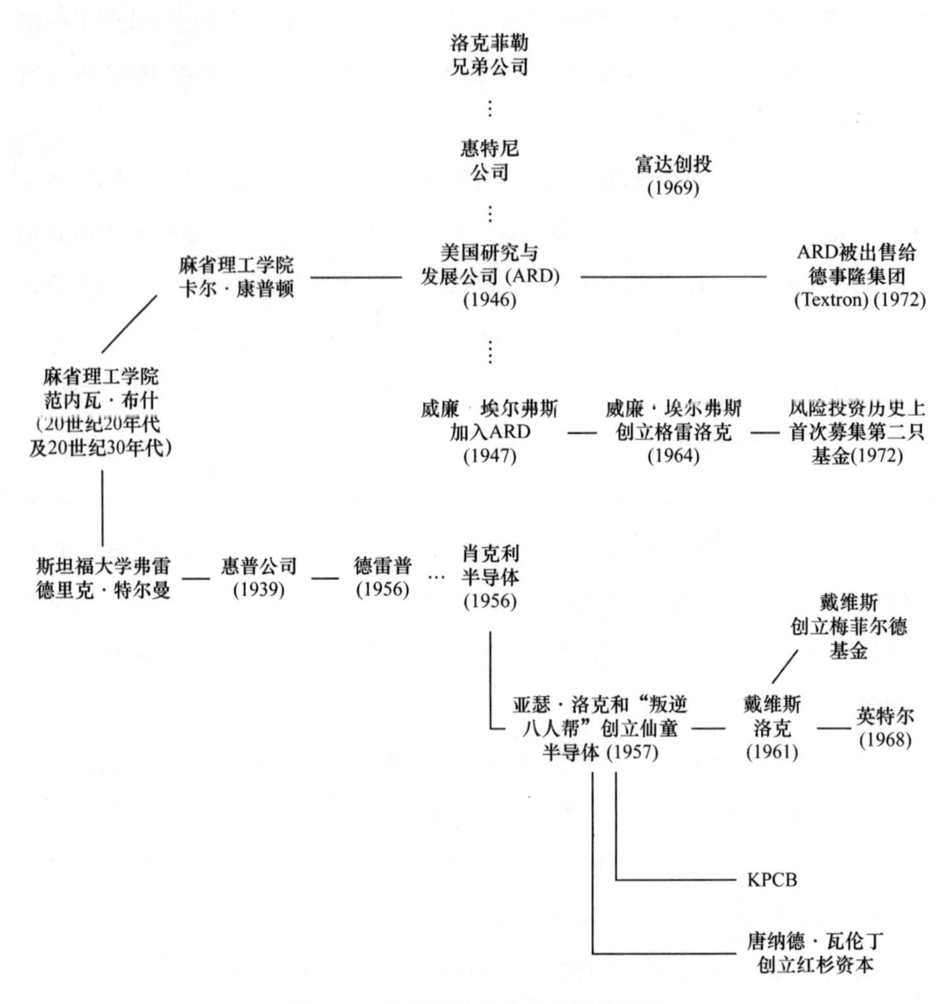

图 3-1　早期风险投资在美国的发展

风险投资的类型

在熊彼特和克莱顿·克里斯坦森（Clayton Christensen）的脚步之后，哈佛商学院的教授加里·皮萨诺创建了一个理论框架，这个框架有助于评估促进创新并进而激发经济活力的风险投资的类型（见图 3-2）。皮萨诺的框架将新的风险投资划分进四个象限之一：（1）颠覆式，需要一个新的商业模式，但可以利用现有的技术能力；（2）结构式，既需要新的商业模式又需要新的技术能力；

（3）例程式，既利用了现有的商业模式，也利用了现有的技术能力；（4）激进式，利用了现有的商业模式，但需要新的技术能力。

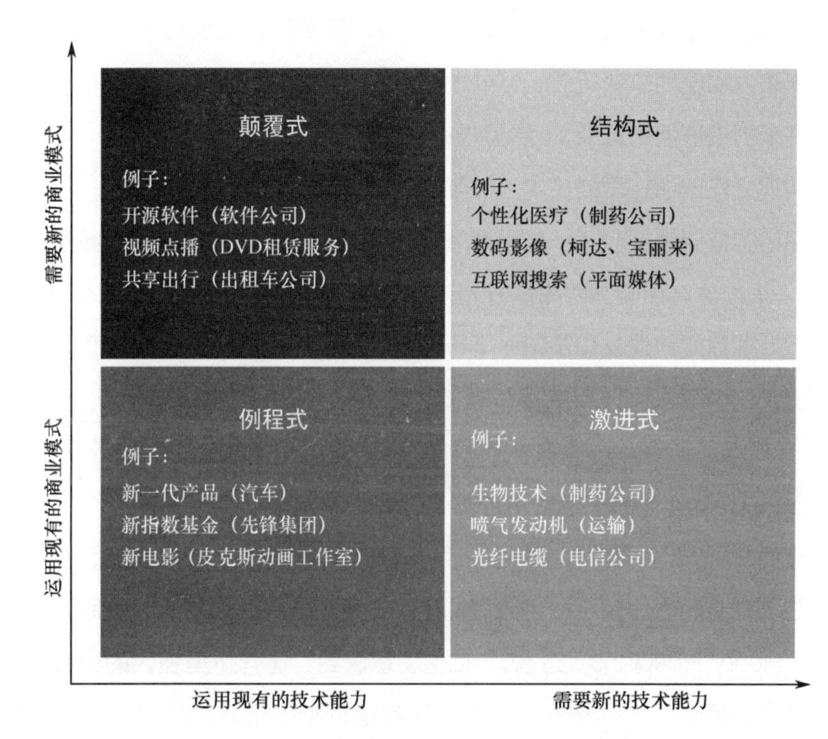

图 3-2　皮萨诺定义风险投资的框架

资料来源：Adapted from Gary P. Pisano, "You Need an Innovation Strategy," *Harvard Business Review*, June 2015.

投资那些处于相对较早时期、并位于“颠覆式”和“结构式”象限的创业公司时，风险投资最有可能取得超额收益。在这两个象限，风险投资机构并不是试图介入成熟市场，而是在市场或行业处于培育期的时候，便会第一个参与进来，或者相对较早地参与。生物技术是风险资本位于“激进式”象限的一个成功例子，生物技术的成功可以归因于它极大地提高了治疗干预的机制、效力和靶向，尽管它的市场化受到了严格的监管约束。

皮萨诺的框架揭示了近期风险资本失败的原因，包括在21世纪头10年期间对清洁能源和纳米技术的投资浪潮。清洁能源技术具有市场潜力，但在成熟的能源行业中属于一种替代技术，有许多竞争对手及渗透市场的其他困难。纳米技术是一种通用的技术，它具有促进创新的巨大潜力。话虽如此，风险投资对于纳米技术的支持却是举步维艰，因为新兴的市场和行业都还没有出现，原有的市场也没有发生巨大的变化。尽管 3D 打印、量子计算和新电子材料的出现有可能在未来大幅度地改变行业，但纳米技术既不是市场也不是行业，在撰写本书时也还并未创造任何新行业。展望未来，廉价基因测序技术的突破，可能是一项能够实现医疗健康转型的技术，并可能由此实现精准医学的愿景。

皮萨诺的框架也阐明了一些早期风险资本的成功，这些成功都伴随着新的商业模式。很显然，在美国西海岸开始从事风险投资业务的许多知名人士，都起步于对微处理器如何建立和革新一个行业的了解。但是，红杉资本和 KPCB 等风险投资机构也意识到，新的娱乐模式和新的计算产业将会被微处理器革命所激活。

因此在 1976 年，当来自安培公司（Ampex）这家早期硅谷工程公司的两名工程师想要发展雅达利游戏公司时，他们找到了瓦伦丁。瓦伦丁组织了一轮包括梅菲尔德基金和富达创业投资公司的融资，后者现在由从 ARD 离职的亨利·霍格兰（Henry Hoagland）运营。瓦伦丁意识到，这些新型强大的硅芯片可以使计算机的运算能力大幅提升，让游戏从弹球机和硬币游戏的时代进入电子时代。在风险投资接触到游戏行业之前，雅达利游戏公司发明并推广了一种叫作“Pong”的游戏，在由瓦伦丁带领的财团介入后，该公司后来又陆续开发出了诸如“Breakout”、“LeMans”和“Night Driver”等游戏。今天的电子游戏产业继续受益于计算机运算能力的日益增长，当年也是这使得雅达利游戏公司一步步实现腾飞。

汤姆·帕金斯和他的同事吉米·特雷比格（Jimmy Treybig）都明白，微处理器的性能增长也将给计算机行业赋予更多的能量。1974 年，在 KPCB 的支持下，帕金斯和特雷比格创办了天腾电脑公司。该公司主要生产故障耐受性计算机，这种计算机即使在系统部分失效的情况下，也可以在较低的性能水平下继续运行。这款产品的设计初衷是推销给银行和其他金融机构，为其早期的股票交易系统和自动柜员机（ATM）提供支持。到 1980 年，天腾电脑公司被列为美国增长最快的上市公司，其与花旗银行的合作也推动了收入的增长。[13]

唐纳德·瓦伦丁还意识到，微处理器的发展将会创造出一个在个人电脑领域的全新产业。1977 年，雅达利游戏公司的“Breakout”游戏的设计师史蒂夫·乔布斯（Steve Jobs）找公司创始人诺兰·布什内尔（Nolan Bushnell）投资他和史蒂夫·沃兹尼亚克（Steve Wozniak）一同创办的一家小型计算机公司。布什内尔将乔布斯介绍给了瓦伦丁，瓦伦丁又将乔布斯介绍给了小迈克·马库拉（Mike Markkula Jr.），马库拉从自己口袋掏了25 万美元进行投资。正是这三人，创立了最初的苹果电脑公司（Apple Computer）。1978 年，苹果电脑公司获得了第一笔风险投资，投资方包括红杉资本、文洛克公司（Venrock，洛克菲勒家族的风险投资机构）和亚瑟·洛克。

1974 年，KPCB 聘请了一位 27 岁、拥有化学学士学位和斯隆管理学院 MBA 学位的麻省理工学院毕业生罗伯特·斯旺森（Robert Swanson）。斯旺森对生物技术的新兴领域产生了浓厚的兴趣，尤其是对该技术操纵微生物基因的能力。通过 KPCB，斯旺森接触到了一家名为塞特斯（Cetus）的公司，该公司对微生物进行自动化筛选，但是不愿意接触更加前景无限的基因拼接工作。

因此斯旺森找到了赫伯特·博耶（Herbert Boyer），一位在旧金山加利福尼亚大学任教的40 岁生物化学和生物物理学教授。博耶当时已经联合开发了一种技术，可以将一种生物的 DNA 拼接到另一种生物中。微生物可以用来制造转基因产品的想法，促使了 1976 年基因泰克公司的成立。在 KPCB 认可基因泰克公司将初始研究分包可以降低风险的观点之后，公司从 KPCB 获得了第一笔风险投资，参与分包的合作方包括加利福尼亚大学、希望医学研究中心（City of Hope Medical Research Center）及加州理工学院。[14]四年后，基因泰克公司在 1980 年成功上市时，生物技术产业开始成为主流。

风险投资的幂次定律分配

风险投资基金经常投资那些被统计称为“尾部分布”（tail distributions）的公司。风险投资基金意识到，他们在投资上的损失可能比他们赚的钱多很多。

此外，投资人不会一次性将所有的钱投资出去，因此，随着时间的推移，他们开始意识到投资是先苦后甜的工作。

这种意识最终催生了风险投资的“幂次定律”（power laws）。正如彼得·蒂尔（Peter Thiel）所写的那样：“风险投资的最大秘密，是一只成功的基金中最成功的一笔投资所获得的回报，等于或超过基金的其他所有投资组合的回报总和。”[15]

要想成功，一家风险投资机构必须培育许多颠覆性的想法。然而，在5～15年的时间里，只有一小部分人会在合适的时间找到合适的市场并勇敢地执行，成为改变其所在市场的公司。而这些所谓的“本垒打”，是风险投资机构的投资组合中为基金带来大部分回报的公司。

可以用数学和经济学语言来描述风险投资回报与一般公司运营的差别：风险投资是基于幂次定律分布，而不是正态分布。这意味着，少数投资项目——甚至是单一投资——能从根本上胜过其他投资。这种优异表现产生的增长，可能需要时间来实现，但一旦实现，便很有可能推动基金的快速增长。

由于风险投资幂次定律的性质，以及单一投资项目有可能比基金的其他所有投资回报更好，因此，对于一只标准的10年期风险投资基金，配置资金的正确方式是确保每一笔投资都有收回整只基金规模资金的回报潜力。因此，如果该基金规模为2亿美元，而该基金计划为10年内的10笔投资预留2,000万美元，那么每给一家公司投资2,000万美元，都应该有机会实现2亿美元的投资回报。这相当于每笔投资都有10倍的回报潜力。

风险投资人通常会联合投资，也就是说，他们会有其他的投资人伙伴，这意味着如果投资2,000万美元最终获得被投公司30%的股份，那么这家获得了2,000万美元投资的公司，最终必须实现6.7亿美元估值或者以此价格被出售。这就是为什么风险投资是一种“本垒打”的游戏。从1970年到2006年的7,000多家公司的并购交易来看，只有9.7%的并购价格超过了1亿美元。[16]

美国风险投资的变迁（2000—2015 年）

风险投资在 21 世纪初开始发生急剧的变化（见图 3－3）。在 2000 年互联网泡沫破裂和经济崩溃之前，大量资本流入风险投资，行业得以进一步向机构化发展，许多投资机构得以迅速扩张。随着资本的增加，风险投资机构开始发生变化，其内部的职位数量也开始急剧增加。一大批新员工开始填补许多顶级风险投资机构的职位，并通过管理更多的资本获得了更高的报酬。担任这些新职位的许多人都拥有技术学位和商学院经验，但在创办创业公司方面几乎没有经验。

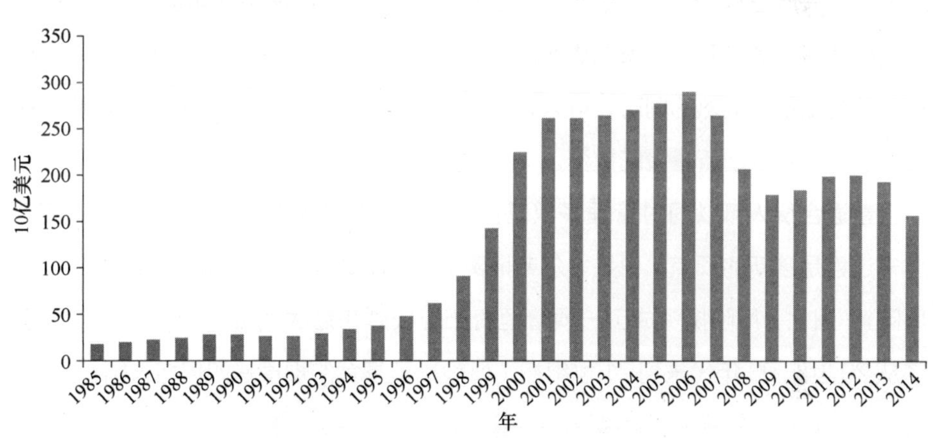

图 3－3　1985—2014 年，美国风投基金管理的资金情况

资料来源：美国风险投资协会。

随着这些大型基金从网络泡沫的破灭中恢复过来，许多基金开始将注意力转向了深度科学公司，并投资于 21 世纪初的两大流行趋势：纳米技术和清洁能源。建立这种类型的公司，是回归到了前互联网和前软件时代的深度科学。然而，这里有一个重要的变化。风险投资基金现在已经有了机构化的员工，他们往往既没有能力去理解这些公司背后的科学知识，也不知道建立这些公司所需的时间或运营经验。在互联网泡沫破灭后，那些仍然专注于投资互联网赋能的软件和数字技术的机构变得更加成功了。

此外，由于新基金的增加，流入的资金量太大，超越了普通合伙人的管理幅度，所以投资经理、高级投资经理和初级合伙人都开始对新的项目进行投资和管理，但是他们往往无权在基金层面对这些投资进行投票，或者为这些被投公司的后续资本需求进行投票。这种情况所造成的一种汇报体系，比以往灵活的系统更加难以监控。这也意味着，与创业公司打交道的那个人，可能并不是对这家公司的最终投资决策或未来融资有投票控制权的人。创业圈有一个笑话：与你会面的风险投资机构的代表，如果他/她在机构内部没有投票权或话语权，那么他/她就是来吃免费午餐的。

资本大量流入也意味着，要管理一只成功的风险投资基金，需要每隔两到三年就进行一次规模更大的基金募集活动。虽然在资金返还给基金的有限合伙人之前，一只典型基金可以存活十年，但投资活动通常是在头几年进行的。在完成这些初始投资之后，一家成功的普通合伙人机构可以募集一只新的基金，这样在等待初始投资成熟的同时，可以收取初始基金的管理费用，同时收取新基金的管理费用，并启动新基金的投资。

普通合伙人可以同时管理多只基金，从而获得不断增加的累积管理费用。这一过程是创新的顶点，也是埃尔弗斯离开 ARD 成立格雷洛克资本管理公司的原因。因此，风险投资成了一项管理资产规模越来越大的业务。图 3－4 展示了从 20 世纪 90 年代末到 21 世纪初，风险投资基金的规模是如何增长的。

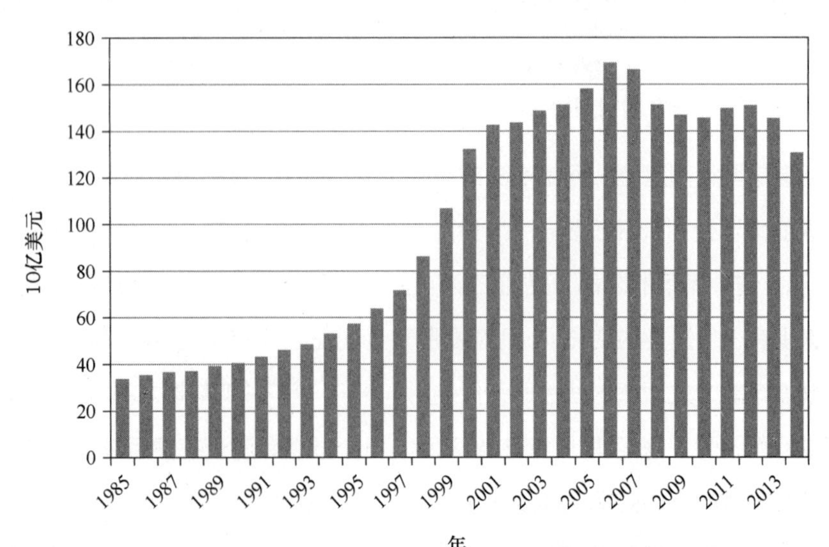

图 3－4　1985—2014 年美国风险投资基金的规模增长

资料来源：美国风险投资协会。

前面讨论的20世纪90年代的变迁，再加上互联网泡沫破灭的阴霾，导致2001年至2010年成为风险投资表现最差的10年之一。通过对比同一时期不同资产类别之间的回报及各类资产不同时期的回报，这一点显而易见（见表3-1）。风险投资是风险最高的资产类别之一，在这10年里，它的回报业绩比大多数其他资产类别都要差。

表3-1　不同资产类别的投资回报对比（统计期截至2010年12月31日）

	10年期	15年期	20年期
美国风险投资指数*	-2.0	34.8	26.3
分阶段			
早期	-3.3	46.1	25.6
后期及扩张器	1.7	15.7	23.5
道琼斯工业平均指数	3.2	7.9	10.3
纳斯达克综合指数	0.7	6.4	10.3
标准普尔500指数	1.4	6.8	9.1

* 剑桥咨询公司美国风险投资指数。

资料来源：美国剑桥咨询公司（Cambridge Associates）。

但是，风险投资行业是一个聪明（或许过于乐观）的行业，它很快就做出了改变。为了在三年内将资金投出并募集一支新的基金，投资机构必须寻找能够在此时间框架内迅速成长的公司，并且可以比其他许多风险投资机构所支持的深度科学公司更快实现资本回报。

对于风险投资行业来说，幸运的是，在资金流入风险资本，基金不断成长并逐渐机构化的背景下，一个由风险投资创造的新行业正在兴起：由互联网软件赋能的数字技术。这个新兴产业完美契合了不断发展的风险投资模式——需要小规模的初始投资来编写软件代码，从而创建一种能够吸引大量潜在用户的产品。用户可以很容易地被监测，那些吸引大量用户的软件/应用程序可以用来驱动一个基于巨大用户群的收入流。创业公司的增长需要大量的风险资本，但投资人需要确认该公司面向的是有待被互联网迅速并广泛整合起来的一个巨大用户基础。

我们将其与电子、半导体、计算机、生命科学和能源等领域的技术进步进行了对比，在这些领域中，对技术的大笔初始投资通常要早得多——通常在远远没有形成用户基础之前，在产品远远没有在成熟市场商业化之前。之前的章节曾讨论过，一家生物技术公司或半导体公司在产品上市前，需要经历 5~10 年的时间、需要超过 1 亿美元的资金投入。在深度科学领域的新技术被迅速采用之前，通常可能需要 10~20 年时间。这种现实情况，并不适用于让被投公司在三年里展现进展，并帮助投资机构募集下一只基金。从短期来看，这种情况也使得其与软件创新的投资竞争变得困难。

因此，从 20 世纪 90 年代末到 21 世纪初，进入风险投资行业的大量资本开始迅速转移到软件投资领域。没有进行这种变迁的机构，在 2001—2010 年之间的这段史上最困难的创业投资环境中，大约有 2/3 最终破产了。2011 年之后的风险投资行业与 20 世纪 90 年代及更早期的风险投资行业已经截然不同。

中间类别的萎缩

与过去 10 年的多元化崩溃同步，拥有足够资本去支持深度科学公司的风险投资基金数量已经大幅减少。我们看到，1 亿 ~5 亿美元规模的风险投资基金数量出现了大幅下降，这是历史上支持生命科学和物理科学公司最常见的基金规模。目前，此规模的基金数量在全部基金中的占比已从 2008 年的 44%降至目前的 18%（见图 3-5）。

大型基金可以有效地对深度科学进行投资。但是，很难让一家大型基金进行早期投资，因为这些早期投资所需要的时间和精力并不能与其为这些大体量基金带来的回报成正比。因此，大多数大型基金必须把重点放在后期投资上。这就引出了一个问题：谁来承担早期的投资工作。从历史上来看，1 亿 ~5 亿美元的基金能从深度科学的早期阶段投到晚期阶段。随着这类基金数量从 44%减少到 18%，很少再有基金专注于早期的深度科学投资。

但是，如图 3-6 所示，1 亿 ~5 亿美元规模基金的数量不足，被天使基金的大量增加所抵消。天使投资的兴起，对创新领域的早期投资来说一个好迹象。然而，天使基金的平均投资额度（有多位天使投资人组合在一起）约为65万美元。60%的投资案例和55%的投资金额分布在网络、移动、电信和软件行业，19%的投资案例属于医疗健康领域，剩下的26%在其他领域，包括新材料、半导体和商业服务。[17]

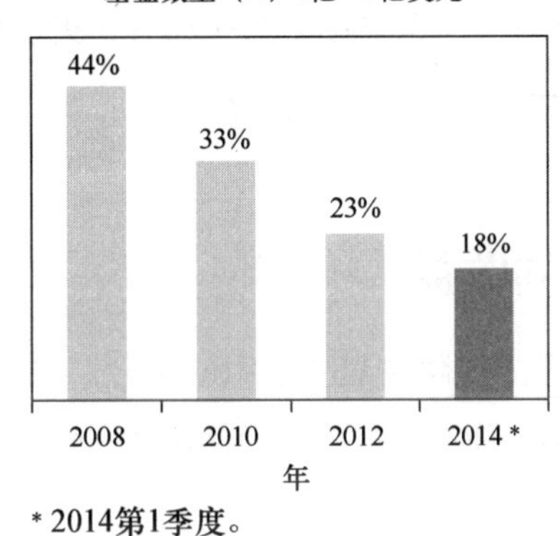

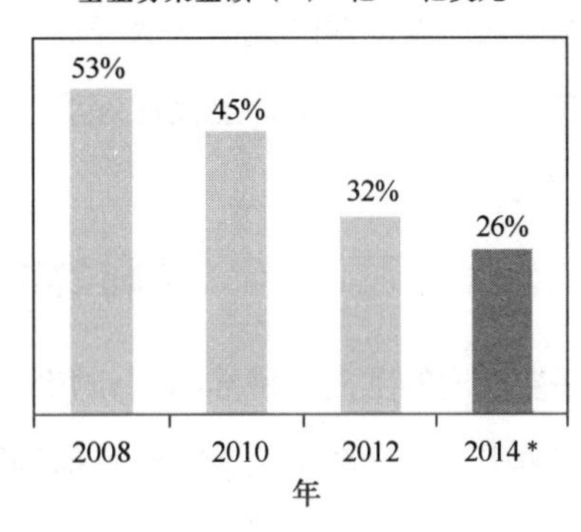

*2014第1季度。

图3-5　不断萎缩的风险投资中间类别

资料来源：Q2 2014 Pitch-Book U. S. Venture Industry Date Sheet, Atelier Advisors.

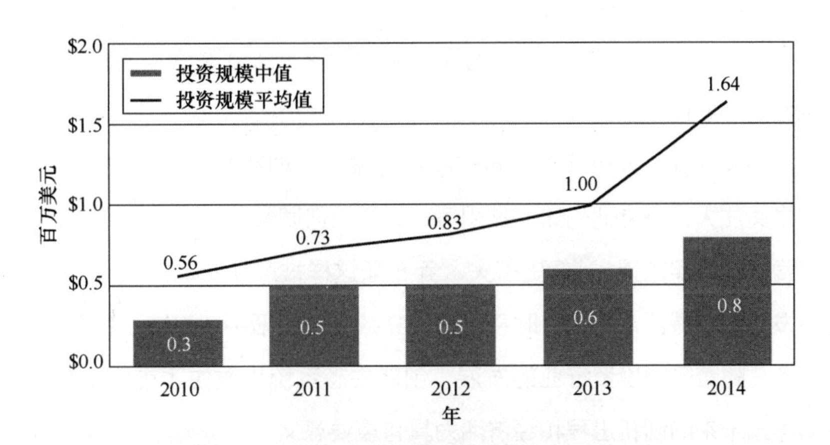

图3-6　天使投资人投资规模的中值和平均值

资料来源：天使资源研究院（Angel Resource Institute）。

天使投资的问题在于，这类基金通常只投资于公司发展的最早融资轮。如果一家软件公司能够快速地获得收入或增长，并且估值能够在发展周期内快速提升，那么天使投资的参与是非常可行的。但是，对于那些需要2,500万~7,500万美元投资才能使公司商业化的深度科学公司来说，天使投资的参与就变得非常困难了。公司的每一轮融资，都存在一种风险，即资金不足以支撑公司下一阶段的增长。如果对估值增长没有明确的划分，2001年至2010年的10年时间表明，估值被严重摊薄的风险太大了。因此，作为风险投资的一部分，天使投资虽然获得了增长，但实际上其在深度科学中的投资比例已经减少。

回归研发的收益

研发支出的回报，是推动创新和经济活力过程中重要的组成部分。如果每年在研发上花费的数十亿美元没有得到回报，那么随着时间的推移，必然会出现经济停滞和繁荣衰退的情形。在实现美国战后时期的研发回报中，风险投资人扮演着不可或缺的角色，他们从技术和资源方面支持着创业者，并推动商业化进程并将新产品推向市场。

值得注意的是，与创新生态系统的其他资金来源相比，创业者所需的资金和风险投资人所支持的资金体量都是很小的。这一事实使得创业者和风险投资人所取得的创新成果显得更加突出和显著，并将融资（即金融资本）的本质定位为成功创新的必要但不充分条件。[18]

苹果的联合创始人史蒂夫·乔布斯曾经说过，创新与金钱本身无关。创新更多的是关注人，研究他们如何被引导，以及如何调整创新者的产品使其受到消费者喜爱并有购买欲望。[19]像史蒂夫·乔布斯这样被风险资本家支持的创业者，在从研发方面获得巨大的、有时甚至是天文数字的回报中，扮演了重要的角色。话虽如此，随着风险投资行业的发展，创新生态系统也发生了重大变化。这一转变对美国未来的创新进程和经济活力具有重要意义。

通过分析深度科学的早期投资生态系统，我们可以发现这一变化。图3-7代表的是20世纪80年代和90年代深度科学早期投资生态系统的模样。一家风险投资机构——在这个案例中是哈里斯集团（Harris&Harris Group，简称

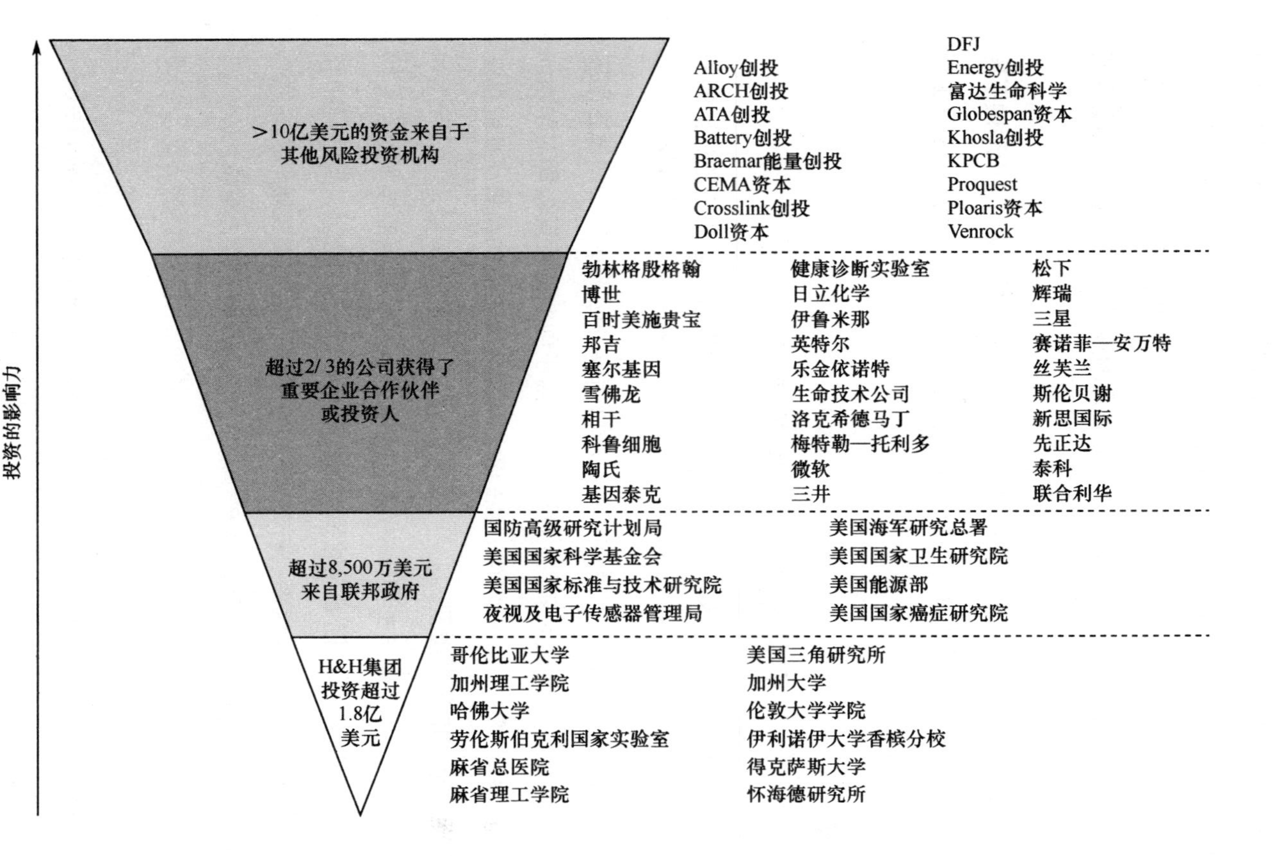

图3-7　2002—2010年，哈里斯集团的投资情况

注：所有数字截至2014年9月30日，包括自2002年以来的投资额和企业风险投资机构，现任董事总经理在当时加入该公司。

资料来源：哈里斯集团。

H&H）——在 10 年间投资了大约 1. 8 亿美元给早期的深度科学公司；另外还有 8,500 万美元的不可摊薄股权投资来自于政府部门，例如小企业创新研究基金（SBIR）、美国先进技术计划（ATP）、美国国防高级研究计划局；2/3 的公司获得了企业风险投资的资金；另外超过 10 亿美元的投资来自于其他风险投资机构。

在其他提供 10 亿美元投资的风险投资机构中，绝大多数在 2014 年后便不再积极参与深度科学领域的新投资。许多机构已经不复存在，而那些依旧生存的，也早已将其投资方向转向软件领域。

风险资本多元化的崩溃

过去 10 年，风险资本从深度科学领域转移，是值得进一步分析和讨论的一个趋势，因为它对美国经济的影响至关重要。回顾一下引言中经济文献的重要发现，研发在驱动创新、生产力和经济增长方面所带来的回报，比在研发方面投入的资金更为重要。从历史上来看，这种回报来自于创业者及其公司对学术创意的商业化。然而，在过去 10 年中，我们看到一种令人不安的趋势，那就是正在推动美国经济增长的研发类型。

我们今天看到，创业融资主要集中在软件和所谓的“创意商业技术”上（如媒体、娱乐和金融服务）。随着风险投资机构转向投资软件驱动的互联网和媒体项目，对于那些将深度科学创新进行商业化的创业者，资金来源是很匮乏的。这些数据生动且令人吃惊，对美国的生产力和经济活力产生了重大影响。

注释

1. Spencer E. Ante, *Creative Capital: Georges Doriot and the Birth of Venture Capital* (Boston: Harvard Business Publishing, 2008), 75.
2. Ibid.
3. Ibid., 111.
4. 国家科学基金会将基础科学定义为寻求“在现象和可观察事实的基本方面，获得更完整知识或理解，而不考虑实现具体应用的工艺或产品”的研究。关于这一主题的更多信息，请参见国家科学基金会第三次年度报告（1953 年）第 6 节。 www.nsf.gov/pubs/1953/annualreports/ar_1953_sec6.pdf.

5. Gary W. Matkin, *Technology Transfer and the University* (New York:Macmillan, 1990), 9.
6. Yong S. Lee and Richard Gaertner, "Translating Academic Research to Technological Innovation," in *Technology Transfer and Public Policy*, ed.Yong S. Lee (Westport, CT: Quorum, 1997), 8.
7. "Vannevar Bush," Wikipedia: *The Free Encyclopedia*, https://en.wikipedia.org/w/ index.php?title =Vannevar_Bush&oldid =742158064.
8. Ante, *Creative Capital*, 108.
9. Ibid., 112.
10. Ibid., 112.
11. Ibid., 173.
12. Ibid., 124.
13. Ibid., 233.
14. Cynthia Robbins-Roth, *From Alchemy to IPO: The Business of Biotechnology* (New York: Basic Books, 2001), 13.
15. Peter Thiel, *Zero to One: Notes on Startups, or How to Build the Future* (New York: Crown Business, 2014), 86.
16. Richard Smith, Robert Pedace, and Vijay Sathe, "VC Fund Financial Performance: The Relative Importance of IPO and M&A Exits for Venture Capital Fund Financial Performance," *Financial Management* 40, no. 4(2011): 1031.
17. John Koetsier, "Halo Report: Average Angel Investment Up 23% as Web,Health, and Mobile Are 72% of All Deals," *VentureBeat*, July 19, 2013, http://venturebeat.com/2013/07/19/halo-report-average-angel-investment-up-23-as-web-health-andVmobile-are-72-of-all-deals/.
18. 政策制定者和媒体经常引用研发支出数字及其相关的年度和历史增长率，作为从国家内部衡量或从全球角度衡量一个国家创新步伐的一种手段。 史蒂夫 · 乔布斯曾经指出，创新的意义远远超过在研发上的投入的意义。 乔布斯指出，当苹果进行 Mac 个人电脑（一种真正革命性的设备）创新时，IBM 在研发上的支出至少是苹果公司的 100 倍。
19. See the November 9, 1998, issue of *Fortune* magazine.

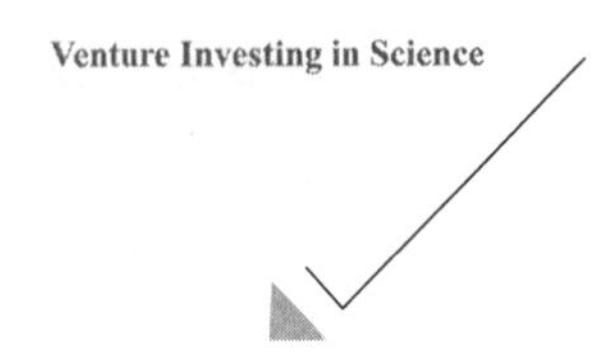

第4章 风险投资的多样性崩溃

Venture Investing in Science

软件正在吞噬世界。

——马克·安德森

在前面几章中，除了介绍在促进初创公司的科学技术商业化发展中风险投资所扮演的角色之外，我们还讨论了深度科学、技术创新和经济活力之间的相互关系。近年来，风险投资出现了一种令人不安的趋势——从深度科学投资转向软件投资。当前，美国风险投资的多样性不足是史无前例的。这种不足有可能导致经济的不稳定，并削弱深度科学研发所带来的回报，而正是这种回报在历史上促进了美国经济活力和繁荣。

美国风险投资的近期趋势

从1946年到20世纪90年代中期，风险投资的大部分重点在于学术研究成果的转化。但是在20世纪90年代中期，风险投资界开始关注软件投资，其投资多发生于数字、创意和商业技术领域，而所有这些都符合软件投资模式。纽约州立大学和纽约州在2012年的一份报告指出，当时40%的风险投资项目属于信息技术领域，16%属于创意和商业技术项目。这一趋势使得与生命和物理科学相关的投资项目占比只有44%。[1]

联邦政府资助的学术研究揭示了一种截然不同的投资模式，即深度科学的持续投资模式。在过去的20年里，生命科学和物理科学领域的学术研发一直深受青睐。目前，根据纽约州立大学的报告，生命科学约占学术研发的57%，物理科学从战后几年开始占比为30%左右，而信息技术和其他领域加在一起仅占13%左右。

在美国风险资本的流动中，最引人注目的趋势是风险投资向软件和相关领域的迁移。过去几年里，风险投资中软件和相关领域的比例急剧上升（见图4－1）。2014年，美国的风险投资中超过半数（53%）集中在软件和媒体/娱乐行业。[2]2014年共有4,356笔风投交易，总投资额达483亿美元，其中，1,799笔交易和198亿美元处于软件领域，另外481笔交易和57亿美元处于媒体和媒体/娱乐领域。[3]这两个领域合计完成了2,280笔交易，吸引了超过250亿美元的风险投资。

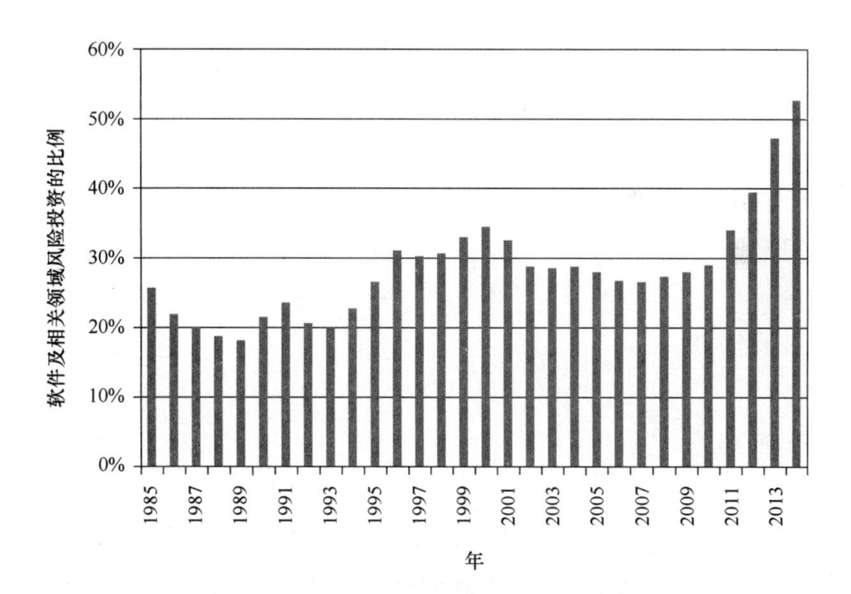

图4－1 软件投资在美国风险投资中的份额

资料来源：作者基于普华永道和美国风险投资协会联合推出的MoneyTree数据的计算。

过去五年里，软件领域每年都获得最多的风险投资。在软件和相关交易领域，如媒体和娱乐行业，从未有过风险投资如此集中的时代。值得注意的是，在 2014 年，互联网公司获得了 119 亿美元的投资，交易次数达到 1,005 轮，这是 2000 年以来互联网专注型投资的最高水平。美国风险投资协会将“互联网专注型”（Internet-specific）定义为：“一种独立类别的公司，其商业模式从根本上依赖于互联网，而不考虑该公司所在的主要行业类别。”

如果政府的研发主要集中在深度科学领域，而创新资本主要集中在软件领域，那么由政府和企业支持的研发会实现什么样的回报？如果不把创新的重点放在研发创意和发明上，研发的回报就会减少，研发的价值也会降低。其结果将是，政府投资于研发的资金将不会那么有影响力，甚至可能会出现浪费。

支持创新科技的风险投资曾经是硅谷的支柱，但在过去 20 年里，其比例逐步在下降。表 4－1 展示了风险投资从深度科学领域往外迁移。

表 4－1　1985—2014 年，美国按行业分布的风险投资

	2014		1995		1985	
领域	总投资额（%）	总投资项目（%）	总投资额（%）	总投资项目（%）	总投资额（%）	总投资项目（%）
软件及相关领域	53	52	27	30	26	28
深度科学	25	25	44	41	56	51
除生物技术外的深度科学	14	14	33	32	51	46
深度科学/硅谷遗产*	6	5	8	11	30	24

* 计算机及外围设备、半导体、电子及仪器。

资料来源：作者基于普华永道和美国风险投资协会联合推出的 MoneyTree 数据的计算。

软件及相关领域的交易占美国 2014 年风险投资总额和交易总数的 53% 和 52%，这一比例在 1995 年分别是 27% 和 30%，在 1985 年分别是 26% 和 28%。因此，在过去 20 年里，美国风险投资在软件领域的投资翻了一番，但在深度科学领域的风险投资已经出现了相反的趋势。[4]1985 年的时候，美国的风险

投资总额和交易总数中，深度科学领域的占比分别是 56%和 51%；到了 2014 年，深度科学在投资总额和交易总数中的占比只有 25%。

因此，我们可以看到，在 20 年前，深度科学的风险投资占到了美国风险投资总额的近 60%。 20 世纪 80 年代，深度科学领域的风险投资中，很大一部分与硅谷的活动有关，硅谷的根基就是深度科学领域的风险投资。 2014 年，深度科学风险投资的交易数量占比已降至 25%，美国有近一半的深度科学风险投资交易都集中在生物技术领域——这一领域的起源也与风险投资有关。

图 4 - 2 展示了美国在生物技术领域的风险投资总额。 可以看出，自 20 世纪 80 年代中期生物技术的早期发展以来，生物技术领域的风险投资经历了一段过山车式的旅程，并重点关注新型的治疗方法。

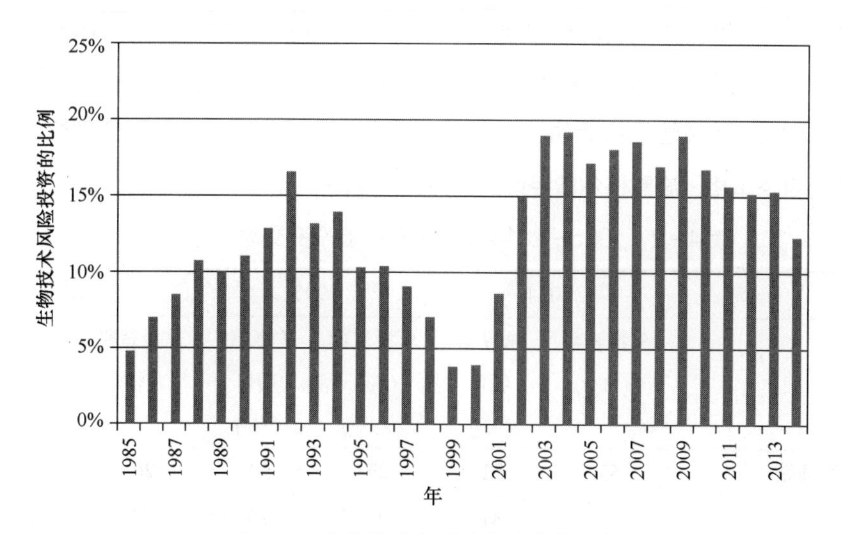

图 4 - 2　生物技术在风险投资中的份额

资料来源：作者基于普华永道和美国风险投资协会联合推出的 MoneyTree 数据的计算。

生物技术投资在 20 世纪 90 年代初期大幅增长，但随着网络投资交易的激增，在这 10 年生物技术的投资急剧下降。 20 世纪头十年早期人类基因组的绘制——一个重要的深度科学里程碑，源于生物学、物理学、化学和计算机科学——以及互联网领域的崩溃，导致了美国风险投资在生物技术领域的复兴。

2001—2009 年期间，生物技术的风险投资出现了复苏，并在此期间的大部分时间里，占据美国风险投资总额的近 20%。但是在过去几年中，由于风险投资的关注点从深度科学转向软件和社交媒体，生物技术的投资在美国风险投资总额的占比从近 20%下降到 13%。

在表 4-1 中我们看到，不包括生物技术在内的深度科学投资，过去 20 年里在美国风险投资总额中的占比从 51%下降至 14%。将数据进一步分析到我们所谓的硅谷遗产领域——计算机及外围设备、半导体、电子及仪器，这些行业往往被视为与硅谷的诞生有关——我们看到，风险投资对生物技术之外的深度科学投资的关注度大大减少。

2014 年，这四个深度科学领域的投资交易只占美国风险投资总数的 6%，远低于 1985 年的 30%。表 4-2 展示了 20 年来，美国深度科学领域风险投资的详细行业分布。数据显示，除了生物技术和医疗设备外，目前在其他深度科学领域，美国很少有风险投资活动。正如深度科学创业者、Nantero 联合创始人兼首席执行官格雷格·施默格尔曾经说的那样，“硅谷”对“硅”不再感兴趣了。

表 4-2　1985—2014 年，美国风险投资交易的行业分布

	2014		1995		1985	
	总投资额（%）	总投资项目（%）	总投资额（%）	总投资项目（%）	总投资额（%）	总投资项目（%）
软件领域	**53**	**52**	**27**	**30**	**26**	**28**
软件	41	41	15	23	22	24
媒体及娱乐	12	11	12	7	4	4
深度科学领域	**25**	**25**	**44**	**41**	**56**	**51**
生物技术	12	11	10	9	5	5
医疗设备	6	7	8	9	7	10
计算机及外设	3	1	4	5	16	12
半导体	2	2	3	3	9	6
电子及仪器	1	1	2	3	4	5
网络设备	1	1	5	4	8	6

（续）

	2014		1995		1985	
	总投资额（%）	总投资项目（%）	总投资额（%）	总投资项目（%）	总投资额（%）	总投资项目（%）
通信	1	1	12	7	6	6
工业/能源	5	6	7	7	7	9

资料来源：作者基于普华永道和美国风险投资协会联合推出的 MoneyTree 数据的计算。

硅谷的风险投资基金正在回避那些从事科学技术商业化的创业者，特别是生物技术和医疗器械之外的创业者，他们被迫在美国本土和境外寻找其他种子期和发展期资金的新来源。在与从事生物技术以外的深度科学商业化的创业者们的交谈中，我们越来越多地听到他们说，有必要前往亚洲和欧洲获取早期投资，因为海外投资人对美国从事创新深度科学技术商业化的创业者表现出了浓厚的兴趣。美国境外的投资人所倾向的投资回报期（即资金处于投入阶段而不预期回报的时间周期），更能满足科学技术发展所需的时间。

鉴于深度科学风险投资与经济活力的高度关联性，从硅谷和美国撤离的深度科学风险投资活动，显然让美国面临一些长期挑战。风险投资在软件领域的集中程度，可能会削弱美国长期创新的一个重要来源——推动人们生活水平不断提高的就业、收入和生产率的增长。美国风险投资的趋势正是科学家们所指出的“多样性崩溃”。

风险投资的多样性崩溃

尽管美国在 2014 年的风险投资总额远低于 2000 年互联网时代 1,050 亿美元的峰值，但如今很少有人会对传统风险投资模式被打破、被遗弃而产生担忧。尽管大量的投资交易流向软件领域，近年来关于美国风险投资的媒体头条内容一直是积极和乐观的，比如“风险投资的募资速度自 2000 年以来处于最佳”和“第一季度风险投资基金的投资规模达到 10 年来最高”。鉴于风险投资在促进技术创新和经济活力方面所发挥的重要作用，自21世纪头十年初互联网泡沫破裂以来，风险投资业务的复苏是极被重视的，也被认为是一个正面的趋势。

然而，当前风险投资令人担忧的是，其专注点正日益由深度科学转向软件投资，这种转变在现代风险投资发展的几十年里是前所未有的。这一趋势如果加强并持续下去，就会使复杂性科学家所说的“多样性崩溃”成为一种可能。当系统的结构演变成狭窄的一组行为主体或元素时，复杂系统（complex system）㊀中的多样性崩溃就会发生。复杂性科学家指出，健全的复杂系统包含了多种行为主体或元素，正是这种多样性保持了系统内的平衡和稳定。

换句话说，复杂系统的动态特性是系统内行为主体多样性的函数。随着行为主体多样性的降低，复杂系统会变得不稳定并容易发生大的转变，这正如股票市场中，当投资者们仅关注一个或几个板块时所发生的情况。在多样性日益减少的时期，看似微小的干扰也可能会产生巨大的影响。复杂性科学家指出，复杂系统中的大多数变化都是通过灾难性的“黑天鹅”事件的方式发生，而不是遵循一个循序渐进的路径。[5]这一观点有助于解释股市崩盘和其他金融市场崩溃——传统经济模型难以解释的金融市场事件。

对于像美国经济或股票市场这样的复杂系统，多样性是常规理论模型中的默认假设。股票市场中的多种投资者类型，产生了一种实现均衡的效率状态。股票市场由生态系统的行为主体或投资者组成。有些行为主体的参与时间范围较短（例如交易员），有些行为主体的参与时间较长（比如所谓的价值投资者），有些只关注小市值的股票，还有一些则关注市值相对较大的股票（例如道琼斯工业指数中的公司）。在股票市场的生态系统中，有一些行为主体或投资人在不

㊀ 复杂系统是具有中等数目基于局部信息行动的智能性、自适应性主体的系统。复杂系统是相对牛顿时代以来构成科学事业焦点的简单系统而言的，具有根本性的不同。简单系统之间的相互作用比较弱，比如封闭的体系或遥远的星系，以至于我们能够应用简单的统计平均的方法来研究它们的行为。复杂系统要有一定的规模，复杂系统中的个体一般来讲具有一定的智能性，例如组织中的细胞、股市中的股民、城市交通系统中的司机，这些个体都可以根据自身所处的部分环境，通过自己的规则进行智能的判断或决策。——译者注。

同的领域进行投资或交易（例如能源、技术、消费产品）。总而言之，这些行为主体代表了所谓的“完整生态系统”，类似于构成雨林生态系统的所有动物、昆虫和植物。投资者类型的多样性存在，通常足以确保没有一种系统性的方式来击败整个股票市场，同时，人们认为这种多样性的投资者会催生出有效市场（efficient market）。[6]当多样性的假设被违背——即出现多样性崩溃时，就会导致市场效率低下。

投资者出现羊群效应的行为时，金融市场的多样性崩溃就会发生。金融市场中的羊群效应，指投资者的投资决策是基于对他人行为的观察及模仿，而非依赖自主独立的信息和能力。投资者的羊群行为导致了金融市场的狂热和泡沫。对股市繁荣和萧条的研究，都可以看出与狂热心理、恐慌心理以及查尔斯·麦凯（Charles Mackay）所称的“异常的大众幻想与群众性癫狂”有关。[7]狂热和泡沫——异常的幻想与群众性癫狂——与行业或产业投资的高度集中有关，对一个特定行业或领域高度集中的投资，是多样性崩溃的标志。在此期间内，估值被推得越来越高，估值不断上升又吸引了更多的投资者。随着时间的推移，羊群效应会将估值推至极端水平，而这种估值很难用传统的财务指标来证明。随着更多资金流入该行业，估值继续上升。在某种程度上，股票市场的多样性下降标志着市场将有一个重大转折点。这样的拐点之后，投资者行为会发生重大变化，并从而逐步恢复市场的多样性。

投资者们可能还记得，美国股市在21世纪头十年初的多样性崩溃之后发生了什么。在崩溃之前，标志性的形势是针对互联网公司的投资集中度增加。羊群效应使得投资者在互联网领域日趋集中化，股市出现了互联网热潮。由于在互联网领域的投资越来越集中，股票市场的多样性程度越来越低，互联网领域的估值水平急剧上升至难以与基本会计指标及传统估值指标相协调的水平。

21世纪头十年初的多样性崩溃标志着互联网热潮的结束，随后不久，互联网公司股票的估值破灭，股票市场才开始恢复多样性。值得注意的是，包括新企业形式和资本市场法规在内的重大政策改变，加速了市场多样性的恢复过程。

通过对复杂性的研究，我们看到了在复杂系统中行为主体多样性的重要性。复杂性科学揭示了金融市场等复杂系统的动态行为。复杂性科学告诉我们，多样性对于系统健壮性和稳定性的重要意义。在多样性崩溃的时期，复杂系统容易出现不稳定和重大变化。

今天流入软件领域的风险投资资金额，可能预示着多样性崩溃的开始。如果这种趋势持续下去，之后一系列的发展变化将会在预料之中，软件领域的风险投资交易的估值将会高企且不断攀升，深度科学领域的投资将会进入寒冬。

一些精明的风险投资人表达了对风险投资多样性崩溃的担忧，这些担忧来自软件领域投资的日益集中。史蒂夫·布兰克就是其中的一位投资人，他是一名连续创业家、作家、斯坦福大学商学院的创业学教授。2012年春，布兰克发现硅谷的风险资本家的投资偏好从深度科学转向了社交媒体软件，这是一个重大的转变。[8]社交媒体的兴起，吸引了越来越多硅谷的风险投资。布兰克注意到，过去曾经关注深度科学投资的硅谷风险投资机构，在目前的风险投资环境中，似乎只对与智能手机或平板电脑相关的事情感兴趣。

布兰克指出，像Facebook这样的公司——新兴的社交媒体典型代表——以商业史上前所未有的规模利用了市场力量：

> 第一，这是创业公司首次可以考虑十亿级用户（智能手机、平板电脑、个人电脑等）的可获取市场规模，并为数以亿计的消费者提供服务。第二，以前的面对面社交需求（朋友、娱乐、交流、约会等）现在正借由计算设备转向电子化。并且，这些用户可能会频繁持续地使用他们的设备/应用程序。这是一个以前从未出现过的现象，数十亿级的用户对这些应用程序的需要及使用是7天24小时不间断的。[9]

通过这些用户或者那些想要接触他们的广告商，所能产生的潜在收入和利润是前所未有的，其中最成功公司的规模发展之快着实令人吃惊。

布兰克进一步指出，Facebook的IPO发行价格为风险投资人提供了新的计算方法。在过去，硅谷一只有天赋的风险投资基金可以在五到七年的时间里赚到1亿美元。在目前的环境下，社交媒体创业公司在不到三年的时间里，就可以获得数亿甚至数十亿美元的回报。这个时代见证了例如优步（Uber）这样的软件 App 及其他所谓“及时满足”（On-Demand）[1]服务公司和移动互联网公司的迅速崛起。

风险投资在及时满足和移动服务这一细分市场的增长，推动了当前软件领域的投资日益集中。这一领域的融资趋势一直是爆炸性的，许多著名的硅谷风险投资基金都积极投资该领域。这一细分市场（及时满足和移动服务）的明星企业是优步，根据调研公司 CB Insights 的数据，过去五年该公司吸引了超过 55 亿美元的风险投资。据报道，截至 2015 年，优步的估值在 500 亿美元左右，这一估值超过了一些业务已经持续了很长时间的老牌成熟企业。在五年的时间里，优步已经从一家投资后估值为 6,000 万美元的私有公司，成长为一家正在以 500 亿美元估值进行新一轮融资的公司（见专栏 4－1）。自 2011 年以来，优步的估值几乎翻了 10 番，当与通用汽车当前约 580 亿美元的市值一比，优步的成长性尤为惊人。

专栏 4－1

2011—2015 年，优步的风险融资

2011 年 2 月：融资 1，100 万美元，投后估值为 6，000 万美元

2011 年 11 月：融资 3，750 万美元，投后估值为 3.3 亿美元

2013 年 8 月 22 日：融资 3.5 亿美元，投后估值为 35 亿美元

2014 年 6 月 6 日：融资 12 亿美元，投后估值为创纪录的 170 亿美元

2014 年 12 月 4 日：融资 12 亿美元，投后估值为 400 亿美元

2015 年 5 月 9 日：启动融资 15 亿～20 亿美元，投后估值为 500 亿美元

资料来源：VentureBeat。

及时满足服务类的其他创业公司的融资并不像优步那样表现优异，但仍然相当强劲，尤其是与深度科学相关公司的融资相比更是如此。根据 CB Insights 的专有数据库显示，在撰写本书时，来福车（Lyft）已经募集了 8.62 亿美元，爱

[1] 及时满足即国内所谓的 O2O（线上到线下）。——译者注。

彼迎（Airbnb）的融资总额超过 7.94 亿美元，Instacart（杂货生鲜配送商）的融资总额为 2.75 亿美元，Eventbrite（在线活动策划服务平台）募集了近 2 亿美元，Thumbtack（本地生活服务交易平台）募集了近 1.5 亿美元，而 FreshDirect（生鲜在线订购平台）的融资总额接近 1.1 亿美元。在短短五年的时间里，在及时满足移动服务方面达成交易的风险投资人的数量从不到 20 个增长到将近 200 个。

根据互联网咨询公司 Digi-Capital 的分析，有 79 家公司达到了“独角兽”的标准：公司估值超过 10 亿美元。据粗略统计，2015 年第一季度这些公司的市值合计高达 5,750 亿美元，其中仅 Facebook 就占了总市值的近 40%（2,200 亿美元）。位于美国的移动互联网软件公司在全球移动互联网市场中占据了最大份额，大约为四分之三，紧随其后的是中国。[10]

随着优步和其他移动互联网独角兽的崛起，软件领域相关的投资活动活跃起来，一些有经验的风险投资人开始对初创公司的估值表示担忧。知名投资机构合广投资（Union Square Ventures）的软件投资人弗雷德·威尔逊（Fred Wilson）在 2015 年 5 月的一篇博客文章中指出，在当前的环境下，很难对软件行业进行投资，因为“数学在这里是行不通的”。[11]他指出，在评估一家创业期公司的机会时，人们必须想象，其产品可以规模化并被更多的人/公司使用，而不仅关注其当前的用户使用情况。正是在扩大业务规模的过程中，公司实现了一种盈利状态，促进了其在市场上的额外增长和渗透，从而带来成功和繁荣。

威尔逊说，在投资前，风险投资人需要分析产品、路线图和用户使用场景，以确保其想象是可能的，而不是妄想。投资人还需要弄清楚每位用户可以贡献的年收入是多少，并将其应用于对潜在市场规模的分析。然后，投资人需要研究商业的经济效益，并计算出潜在收入最后能实现的利润有多少。最后，威尔逊指出，风险投资人需要弄清楚市场将会如何评估企业的现金流。经过这样的分析之后，风险投资人需要将现金流的价值以除以三、除以五甚至除以十的方式进行折现。折现因子反映了早期阶段投资的固有风险，即不知道未来会发生什么。

威尔逊指出，用之前提到的流程来分析当前软件领域的风险投资项目，会使得在该领域的投资变得极为困难。有些数字甚至是不合理的。他怀疑，当前许多风险投资人都没有去做这些工作，而这恰恰可以用来解释目前软件领域初创公司的估值泡沫。有人可能会说，投资人们正遭受着“优步狂热”的折磨（详见专栏4－1）。

在投资多样性崩溃的时代，估值被推到了越来越高的水平。在一些难以预测的情况下，由于经济基本面因素的影响，估值变得不可持续。我们可以认为，弗雷德·威尔逊的评论表明，虽然软件行业的估值泡沫可能会持续存在，但一些经验丰富的风险投资人会越来越不愿投资新的软件类公司。

风险资本从深度科学领域向软件领域的明显转变主要有几个原因。从本质上讲，风险投资跟所有形式的投资一样，是一种基于贝叶斯思维和统计分布的行为。贝努瓦·曼德勃罗（Benoit Mandelbrot）、迈克尔·莫布森（Michael Mauboussin）和纳西姆·塔勒布（Nassim Taleb）等很多作者最近在阐述投资的统计性质方面做了很多工作。然而，与许多其他形式的投资不同，风险投资的运作是遵循长尾分布的。在投资中，这一术语适用于经常形成幂次定律的频率分布，因此风险投资在统计学意义上是长尾分布的。只有很少的投资项目能够胜出，大多数项目都让风险投资人赔钱。投资人的回报是由几笔“本垒打”型巨大成功的投资项目所主导的。

因为早期的风险资本家投资的是新技术，通常是投给未经证实的行业和新的管理团队，所以要获得投资的最终成功，运气比技能更重要。迈克尔·莫布森在他的《成功方程式》（*The Success Equation*）一书中描述了“技能—运气”的连续统一体。最右边的是纯粹依靠技能而不受运气影响的活动，最左边的是完全靠运气而不需要技能的活动。轮盘赌和彩票都位于连续统一体的“运气”一侧，而像网球这样的运动则偏向“技能”一侧。最早阶段的风险资本融资轮，相比而言更加靠近“运气”一侧。

莫布森指出，如果一项活动的结果主要依靠的是技能，那么一个相对小的样本量就可以得出合理的结论。要找出最好的网球选手或跑得最快的运动员，并不需要很长时间。然而，当运气的比重渐渐升高，就需要越来越大的样本来判断技能和运气分别起到的作用。莫布森用扑克游戏做了举例说明，运气好的业余玩家能连赢职业扑克选手几把，但是玩的回合越多，职业扑克选手的优势就会越明显。

玩扑克，就像风险投资一样，是贝叶斯统计的一种实操行为。正如查尔斯·都希格（Charles Duhigg）在《高效的秘密》（*Smarter, Faster, Better*）一书的“做决定”章节中所解释的那样，这种行为的目标是做出预测，想象出不同的未来，然后计算出哪一种未来最有可能实现。[13]都希格指出，要成为扑克玩家中的精英，需要用提问的方式从其他玩家那里获取信息，并比游戏中的其他玩家更准确地预测未来。在游戏中，用筹码来收集信息的速度比其他方法更快。

扑克这种游戏，是利用问题来获取答案，并进而预测更有可能的未来。你永远不知道游戏最终会如何发展，但你越有可能预测未来，就越能了解哪些假设是确定的，哪些是不确定的，进而下次做出更好决策的概率也就越大。这就是贝叶斯思维：在前进的过程中，使用新的信息来改进假设。扑克本质上是以概率的思维接受游戏中固有的不确定性。

“21点”（Blackjack）是一种赌博游戏，与一般的扑克游戏相比，它有着更高的运气成分。在“21点”中运用贝叶斯思维需要做一些赌场所不允许的事情：算牌。在本·莫兹里奇（Ben Mezrich）的《攻陷赌场》（*Bringing Down the House*）一书中，有一个出名的“21点”团队，其成员为马恺文（Jeff Ma）和来自麻省理工学院的学生。这些麻省理工学院的学生们晚上会去赌场的不同赌桌上算牌，以确定哪张桌子的获胜概率更大。在这个阶段，他们只押注少量的资金。他们押注的目的是确定发牌盒中是否还存有相对较多的好牌：好牌的数量越多，玩家获胜的概率就越大。当发现一张有吸引力的赌桌时，队友们就会加入并开始投入大量的赌注，以赢得尽可能多的钱。随着时间的推移，他们的胜算发生了很大的变化，他们更有机会成为赢家。

实际上，高质量的风险投资人也可以“算牌”，从而在每一轮新的投资中改变成功概率的统计分布。例如，如果我在玩“21点”并算牌，那么在接下来的每一笔交易中，我都能识别出统计概率的变化，这可能有利于我获得21点的牌。如果在胜率增加的情况下加大赌注，我就增加了赢钱的机会。因为我改变了成功的统计分布。

风险投资与此相似。 在第一轮投资中，成功主要是靠运气。 投资人希望尽可能少地投资并获得参与游戏的机会，他们希望为未来预留更多的资本。 有一些公司将会是“蹩脚货”，无法获得更多的投资。 但是，有一些公司将会展示出有先见之明的管理能力或与重要客户达成重要的合作协议，就像天腾电脑公司与花旗银行的案例一样（详见第 3 章）。 这可能会改变成功的统计分布，随着投资成功的概率开始改变，成功的机会更大，风险投资人就想给公司投入更多的资金。

风险投资的统计特性和有效“算牌”的能力，对于软件领域投资来说是非常有效的。 因为许多创新往往是在软件层面而不是硬件，所以并不像在深度科学领域投资那样需要大量的资金来启动。 有了一笔小额的资金——现在通常由天使投资人提供，创业者可以编写代码来证明新产品的可行性。 然后，在互联网的帮助下，该创业者可以看到人们是否对产品感兴趣。 同样，此时的资金支出仍然很小。 一旦确定了产品或服务有大量的潜在客户，就可以通过机构风险投资人的投资来扩大市场规模。 如此这般，创业者在数额较小的资本投入情况下获得起步发展，而投资人们在投入大额资金推动公司后续发展之前，有更多的机会“算牌”。

这是一种非常有效的风险投资模式，因此，与软件相关的创业公司吸引了很大一部分之前在市场上进行多样化投资的资本。

创业时代终结的开始

如今，围绕软件领域的投资，正在将风险资本抽离深度科学初创公司。 布兰克坦率地描述了这一问题：“在一个需要 15 年时间才会轰动世界的抗癌药物，和一个在几年之内就能获得巨大成功的社交媒体应用之间，你认为风险投资人会选择哪一个呢？”[14]他接着指出，风险投资机构正在逐步淘汰他们传统的科学投资部门。

此外，风险投资人越来越不愿意给深度科学的清洁（或绿色）技术提供资金。 专注于清洁技术的风险投资基金已经经历了惨痛的教训，试图将创新的清洁技术从示范工厂扩大到工业规模，所需要的资本和时间往往超过了风险投资的承担能力范围。布兰克表示，与 iOS 和安卓的应用程序相比，所有的其他深度科学风险投资都是困难的，因为要花更长的时间才能实现回报。

由于市场机会的大小和应用程序的性质，社交媒体和软件相关投资的回报很快，而且潜力巨大。布兰克注意到，新设立的风险投资基金不仅关注早期阶段的社交媒体公司，也关注后期，这改变了风险投资的格局。这一转变在风险资本流动的数据中得到了清晰的体现，该数据显示软件领域的投资集中度越来越高，与绿色能源相关的其他深度科学投资日益减少。

此外，正如风险投资人马克 · 苏斯特（Mark Suster）所指出的，在过去五年里，软件行业的变化对风险投资业务产生了重大影响。[15]苏斯特表示，当他在 1999 年建立自己的第一家软件公司时，其基础设施成本为 250 万美元，而另外的 250 万美元则是代码编写、上线运营、管理、市场和软件销售等的团队成本。当时，对软件公司来说，一笔典型的风险投资是 500 万 ~ 1,000 万美元。苏斯特指出，开源软件和水平计算（horizontal computing）的趋势已经显著降低了基础设施成本，到了几乎免费的程度。水平计算减少了购买昂贵 UNIX 服务器和多台机器来处理冗余的需要。

除了转向开源计算之外，软件行业的另一个重大转变与“开放云”相关。开放云服务仅用于创业公司构建“基于云”的业务，不是搭建“平台云”——即某些服务提供商提供围绕其核心产品的云服务（例如：Salesforce.com、Cloud Foundry、Microsoft Azure）。苏斯特观察到，创业者想要建立独立、高增长、风险投资支持的创业公司，现在可以在真正的开放云上实现（这种云与围绕某种核心产品的云服务无关）。

开源计算将软件初创公司的软件成本降低了 90%，开源的云服务——如亚马逊提供的云服务——为软件初创公司节省了高达 90%的总运营成本。苏斯特指出，亚马逊公司的服务已经使得 22 岁的技术开发人员在没有筹集资金的情况下，就可以启动公司。开放云服务大幅加快了创新的步伐，因为除了不需要筹集启动资金之外，创业者们不再需要时间设置主机、购买服务器或者软件。

我们看到，不仅智能手机、平板电脑和社交媒体的普及在过去几年中改变了风险投资行业的格局，软件行业也随之发生了重大转变，创建一家软件公司所需的基础设施成本大幅降低。苏斯特说，亚马逊的开放云计算革命，带来了软件创业公司数量的大幅增长。这反过来又催生了诸如 Y Combinator、TechStars、500 Startups 等孵化器项目，他们帮助早期创业团队开展业务，主要是由经验丰富的管理团队指导创业公司的技术创始人。

此外，与 Facebook、iPhone 出现之前的商业环境相比，现在的公司更容易获得分销渠道。苏斯特指出，在美国犹他州、得克萨斯州或者在芬兰看到一个由 8 ~ 10 名开发人员组成的团队在开发 iPhone 应用程序，并获得了数千万次的下载和数亿次的月浏览量，这种情况并不少见。

更重要的是，软件业务的变化从根本上改变了传统风险投资业务的结构，使其成了苏斯特所说的“微风投”（Micro-VC）。20 世纪 90 年代末，典型的“A 轮”风险投资的规模在 500 万美元到 1,000 万美元之间，可如今其规模已大幅缩小至 25 万 ~ 50 万美元之间。由亚马逊主导的软件行业的转变，导致了微风投的诞生，并模糊了传统风险投资基金与后期投资机构之间的界限。此外，美国的风险投资环境中，正逐渐出现越来越多的天使投资、孵化器、共同基金和对冲基金。

布兰克和苏斯特指出，软件行业的活跃和社交媒体的出现，以及数十亿计电子设备的普及，导致了风险投资领域的变化，对软件的投资日益集中，对深度科学的关注日益冷淡。尽管如此，正如布兰克所敏锐地观察到的那样，对国家来说，创造大量财富的事物并不一定有利于创新的发展。布兰克表示，对于硅谷来说，投资人对社交媒体的狂热，标志着由风险投资支持的科学技术大创意时代终结的开始。

这一论断如果属实，将对美国经济活力的未来产生重大影响。正如我们在前几章所看到的，科学和技术的伟大创意一直是美国和全球经济活力的源泉。在过去的半个世纪里，风险投资，尤其是硅谷，在促进深度科学技术的发展方面发挥了不可或缺的作用。正如我们注意到的，风险投资非常适合承担将深度科学创新进行商业化的任务。如果因为社交媒体和软件的兴起给科学和技术带来了巨大的影响，我们真的是在经历风险投资时代的终结，就像布兰克所观察到的一样，那么这种转变的经济后果将是深远的。

几十年来，硅谷风险投资基金的不成文宣言一直是约翰·F. 肯尼迪（John F.Kennedy）的一句话："我们选择给创意投资，不是因为它们简单，而是因为它们很困难，因为这个目标将有助于组织和衡量我们最好的力量和技能，因为这是我们愿意接受的挑战，不愿意推迟的挑战，以及想要赢得的挑战。"[16]

如今，这一不成文的宣言正受到一系列因素的挑战，这些因素共同促成了风险投资的多样性崩溃以及从深度科学领域的转移。在社交媒体时代，相对于投资深度科学技术，针对软件初创公司的投资相对有利，这些因素可能会终结风险资本对科学技术领域创意的支持。值得好奇的是，像尼古拉·特斯拉这样的深度科学发明家如果出现在今天的硅谷，会受到怎样的对待。

在最近出现的"独角兽"现象中，风险投资多样性崩溃的最后一个征兆出现了。"独角兽"这一术语是由硅谷的风险投资人、现供职于牛仔创投（Cowboy Ventures）的艾琳·李（Aileen Lee）创造的，特指一家私人公司达到了至少 10 亿美元的估值。这种现象在几年前还是比较少见的，因为大多数公司在上市前后才会达到 10 亿美元的市场估值。但是，随着越来越多的公司保持私有状态的时间越来越长，公众资金开始流入私有市场追逐软件项目，到 2015 年 11 月，独角兽公司的数量激增到超过 132 家。[17]

在这 132 家独角兽公司中，只有 10 家可以被认为是深度科学公司（而这 10 家公司中，有 4 家是生物技术公司）：这一数字还不到独角兽公司总量的 10%。消费者导向的公司是独角兽公司的主要价值所在，这类公司是最为常见的，并且拥有最高的平均估值。从商业模式来看，电子商务公司正主导着独角兽公司的大部分价值。[18]

深度科学风险投资该何去何从？

创办、融资和发展一家软件公司从未如此容易。另一方面，在生物技术之外的领域，创办、融资和发展一家深度科学公司从未如当前这般艰难。虽然软件公司能够以相对较快的速度发展和扩大业务规模，正如我们在 Facebook、优步和其他公司所看到的那样，但是基于深度科学的革命性技术的商业化过程却并不快。

软件公司可以在几周内编写出一个应用程序，并在市场上面向广大用户推出，但是一款商业化的深度科学产品往往需要长达几年时间的密集研发工作。此外，由于深度科学技术的颠覆性，它可能还需要几年的时间才能以一种有意义的方式进入市场——也就是说，届时的公司才可以产生足够的现金来维持自身的生存，而不需要投资人进一步参与。漫长的产品开发周期，再加上进入市场所需要的时间，使得深度科学创业公司与软件领域创业公司相比处于很大的劣势地位。

对于为什么深度科学投资被软件领域投资重创，理查德 · 泰勒（Richard Thaler）、阿莫斯 · 特沃斯基（Amos Tversky）、丹尼尔 · 卡尼曼（Daniel Kahneman）以及艾伦 · 施瓦茨（Alan Schwartz）的论文“短视和厌恶损失对风险承担的影响：一个实验性测试”中给出了一个很好的解释。除了解释“预期效用理论”（expected-utility theory）及“前景理论”（prospect theory）与股权风险溢价之间的区别外，作者还指出了以下重要概念：“风险资产的吸引力，取决于投资者的投资期。一位在评估投资结果（收益或损失）之前准备等待很长时间的投资者，相对于另一位希望尽快评估结果的投资者，将会认为某项风险资产更有吸引力。”[19]

在第 5 章中，我们将进一步探讨这个话题。鉴于当今市场的投资现实，风险投资向软件领域的迁移是可以理解的。

注释

1. Judith Albers and Thomas R. Moebus, *Entrepreneurship in New York*: *The Mismatch Between Venture Capital and Academic R&D* (Geneseo, NY:Milne Library, SUNY Geneseo, 2013), 23.
2. 由于正在进行数字化进程，媒体和娱乐已包括在软件领域之中。此外，这一领域从性质上讲是高度社会化的，属于社交媒体领域——这是目前美国风险投资人高度关注的一个领域。
3. 美国所有风险投资数据均来自普华永道（PwC）/美国风险投资协会（NVCA）的 MoneyTree。
4. 深度科学风险投资项目被归类到以下 PwC/NVCA 定义的八大领域：生物科技、医疗设备、计算机及外设、半导体、电子及仪器、网络设备、通信和工业/能源。

5. Per Bak, *How Nature Works*: *The Science of Self - Organized Criticality* (New York: Springer - Verlag, 1996), 1.

6. Michael J. Mauboussin, *More Than You Know*: *Finding Financial Wisdom in Unconventional Places* (New York: Columbia University Press,2008), 197.

7. Charles Mackay, *Extraordinary Popular Delusions and the Madness of Crowds* (1841; repr., New York: Wiley Investment Classics, 1996); CharlesP. Kindleberger, *Manias*, *Panics*, *and Crashes*: *A History of Financial Crises*, 3rd ed. (New York: Wiley Investment Classics, 1996).

8. Steve Blank, "Why Facebook Is Killing Silicon Valley," *Steve Blank*(blog), May 21, 2012, http://steveblank.com/2012/05/21/why-facebook-is-killing-silicon-valley/.

9. Ibid.

10. Digi-Capital, "Average Mobile Unicorn Now Worth Over $9 Billion," *Digi-Capital* (blog), August 2015, http://www.digiVcapital. com/news/2015/08/average-mobile-unicorn -now-worth-over-9-billion/#.WD7mUKIrLdR.

11. Fred Wilson, "What Can It Be Worth?," *AVC* (blog), May 26, 2015, http://avc.com/2015/05/what-can-it-be-worth/? utm _source = feedburner&utm _medium = feed&utm _campaign = Feed%3A + AVc + %28A + VC%29.

12. Michael J. Mauboussin, *The Success Equation*: *Untangling Skill and Luck in Business*, *Sports*, *and Investing* (Boston: Harvard Business School Publishing, 2012), 23 - 26.

13. Charles Duhigg, *Smarter Faster Better*: *The Transformative Power of Real Productivity* (New York: Random House, 2016), 167 - 204.

14. Blank, "Why Facebook Is Killing Silicon Valley."

15. Mark Suster, "Understanding Changes in the Software and Venture Capital Industries," *Both Sides of the Table*, June 28, 2011, www.bothsidesofthetable.com/2011/06/28/understanding-changes-in-the-software-venture-capital-industries/.

16. Blank, "Why Facebook Is Killing Silicon Valley."

17. Tyler Durden, "SEC Goes Unicorn Hunting: Regulator to Scrutinize How Funds Value Tech Startups," *ZeroHedge*, November 18, 2015, www.zerohedge.com/news/ 2015 - 11 - 18/sec-goes-unicorn-hunting-regulator-scrutinize-how-funds-value-tech-startups.

18. Aileen Lee, "Welcome to the Unicorn Club, 2015: Learning from Billion-Dollar Companies," *TechCrunch*, July 18, 2015, http://techcrunch .com/2015/07/18/welcome-to-the-unicorn-club-

2015-learning-from-billion-dollar-companies/#.kbzhtz:Lhp0.

19. Richard Thaler, Amos Tversky, Daniel Kahneman, and Alan Schwartz, “The Effect of Myopia and Loss Aversion on Risk Taking: An Experimental Test,” *Quarterly Journal of Economics* 112, no. 2 (1997): 647 - 661.

第5章　促进风险投资的多样性

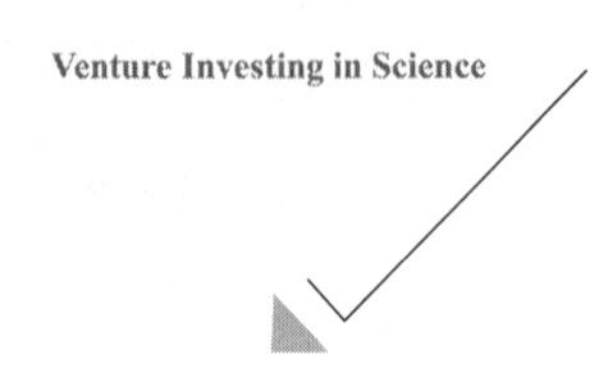

第二次世界大战之后，通过美国风险投资的创新，深度科学的研发及研发成果的实现机制开始蓬勃发展。 然而，在20 世纪60 年代到21 世纪头十年之间的几十年繁荣之后，多种因素共同作用导致了风险投资的多样性崩溃，风险投资关注的领域集中化了。 对于风险投资来说，在短期内不一定是坏事，但多样性的丧失影响了深度科学研究的回报。 这种多样性的崩溃也使得生产率增长放缓以及经济活力衰退。

在这一章中，我们将重点讨论投资时间框架的变化和公众资本市场的结构性变化如何进一步削弱了深度科学投资。 然后，我们开始探索一些可能的机制，将深度科学的投资置于其应有的地位——作为经济活力的源泉。

衡量成功的时间尺度

在研究21 世纪初期深度科学领域投资崩溃的主要原因之前，我们首先要讨论的是，为什么在进行深度科学创新时，衡量投资成功的时间表是一个重要的决定因素。 在天使投资和风险投资中，价值增值的典型描述是一个向上和向右线性上升的估值阶梯（见图5－1）。

这是因为，随着创业公司的每一步新进展，其在市场上的价值也被逐步认可——即该公司从投资市场获得逐步提升的估值。 经历一系列的进展之后，公司明显比刚开始时更有价值。 这意味着，在一开始投资的投资人能够注意到后续每个时期公司的价值增长。 在真实的市场中，投资人可以选择在第一个转折点或在将来的某个时间点卖出，并获得相应的投资回报。 如果是这样的话，创新投资市场就能有效地发挥作用。 不幸的是，对于大多数新的创业公司，以及对于深度科学领域的投资，情况并非如此。

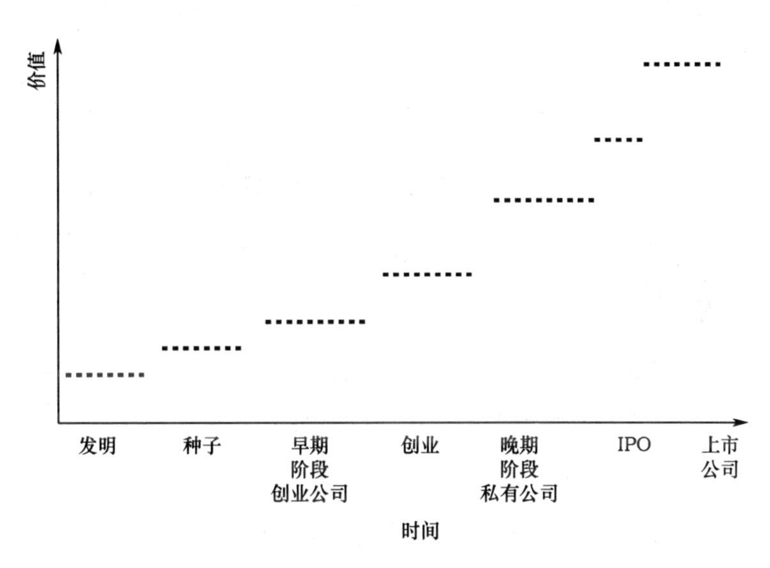

图 5 - 1　阶梯式价值上升

资料来源：哈里斯集团。

这是为什么呢？ 在《硅谷生态圈：创新的雨林法则》（*The Rainforest: The Secret to Building the Next Silicon Valley*）一书中，作者维克多·黄（Victor Hwang）和格雷格·霍洛维茨（Greg Horowitt）指出，风险投资的持续资本风险溢价往往不遵循经典的经济学理论。[1]图 5 - 2 显示了与经典经济学理论（左图）相比，早期深度科学投资的投资回报的实际情况（右图）。 对于大多数深度科学投资来说，成本曲线高于回报曲线，直到公司进入发展的后期阶段。

在过去的 10 年里，特别是在电子和半导体市场，我们见证了许多深度科学公司的收入超过 1 亿美元，从很多方面来看这都是成功的。 尽管如此，深度科学公司通常需要五到十年的时间才能获得收入，然后再过五年才能将收入提升到 1 亿美元。 通常，如果从这些公司的创立开始算起，需要花费 2 亿 ~3 亿美元。 在这些公司未来通过内生发展，将当期收入实现两到三倍的增长之前，不会有任何可以覆盖投资成本的回报。

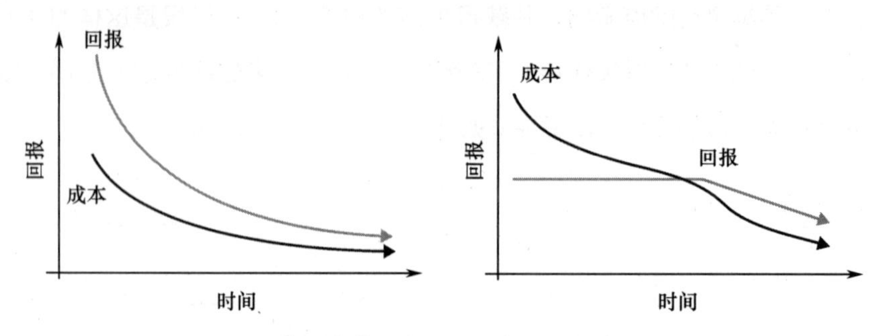

图 5-2　经典经济学理论（左）与风险投资现实（右）

资料来源：Victor W. Hwang and Greg Horowitt, *The Rainforest: The Secret to Building the Next Silicon Valley* (Los Altos Hills, CA: Regenwald, 2012).

此外，由于深度科学的商业化需要投入大量的资金和时间，那么许多变量可能会对公司在这段时间内的发展及其价值产生影响。 在将深度科学创新进行商业化期间，宏观经济趋势和投资人的需求可能会发生变化。 在制造和扩大规模的过程中需要大量的资金，因此在开发周期的某个时间段内，往往很难去衡量公司价值是否在增加。

深度科学的投资人也意识到，不仅在某一段时期内投资成本超过了整个投资周期的回报（这与古典经济学相反），而且从图形上来看，考虑成本时的价值增长实际上看起来更像一条渐近曲线，而不是阶梯式的。 而我们现实世界的经验是，在价值继续向上提升之前，即使在最终成功的公司中，价值增长有时也是负值或下降趋势。

图 5-3 中所示的曲线与前面描述的梯式线性发展并不相似。 在现实中，深度科学投资的曲线通常是渐近的，在最初的几年里保持不变，然后随着项目所创造或改变的市场开始显示接受度，其价值开始逐步增加。 在价值开始迅速增长之前会有一段很长的相对平坦的时期。 换句话说，在一些深度科学投资的前五到十年，其价值可能保持相对平稳，随着创新开始渗透和改变市场，在随后的五到十年中，深度科学投资的价值将迅速增长。 对于衡量成功而言，这个新的、现实的价值增长曲线意味着什么？ 这意味着，成功非常依赖时间框架。 如果你的投资持有期只有五年，那么你投资的有些成功公司可能尚未达到超过投资成本

的价值点，特别是在考虑了风险的情况下。但是，如果你的持有期限是15 ~20年，即使在考虑了货币的时间价值之后，风险投资的回报可能也非常可观。对于深度科学投资而言，抛物线型价值增长曲线创造了一个与时间有关的非常不同的价值主张，而不是一个线性的阶段性回报（见图5-4）。

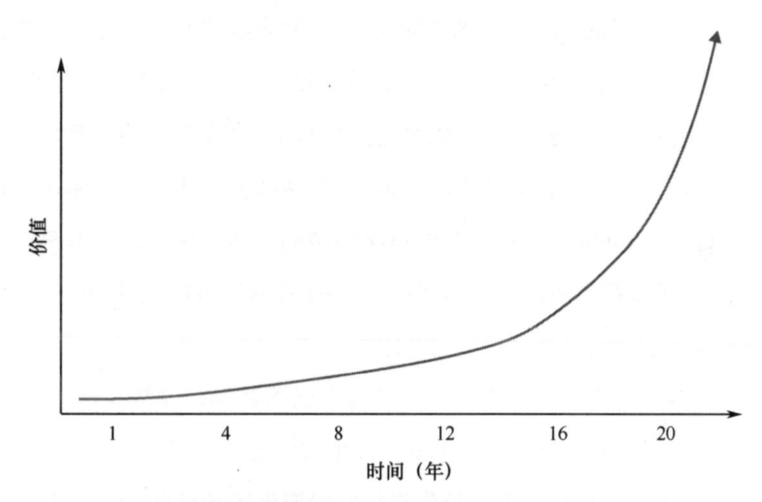

图5-3　深度科学投资的实际价值创造曲线

资料来源：哈里斯集团。

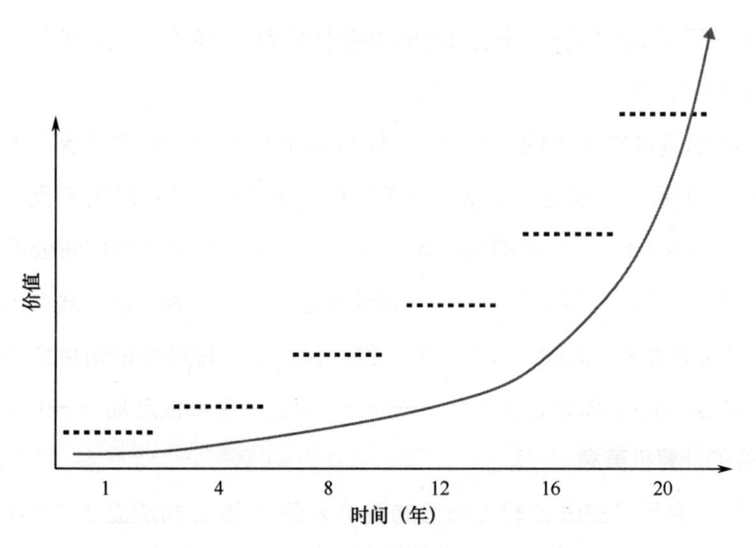

图5-4　深度科学的价值创造与经典价值阶梯

资料来源：哈里斯集团。

另一方面，对于软件投资而言，公司往往只需要几个月到一年的时间来开发技术。 通过互联网，公司很快可以确定新产品是否有很大的市场。 然后，资本可以投入，以推动收入增长和客户接受。 这整个过程可能只需要五到七年时间，而不像深度科学领域的投资那样需要 10 ～20 年。

大多数风险投资基金的存续周期为十年。 大多数的新项目投资发生在基金运营的前三年，其余七年用于被投公司的后续投资及前期投资的退出收获。 传统的风险投资基金必须要完成投资和退出，理想情况下是在七到十年的时间期限里，实现与早期投资的风险相对应的回报。 这种情况适用于软件领域的投资交易。 然而在当前的环境下，对于深度科学领域的投资来说，这是非常难以实现的。 但是，如果要将衡量周期改为 20 年，许多在深度科学领域的投资也能获得同样大甚至更大的回报即便考虑到时间因素。

革新性深度科学产品的价值创造，其过程长达数年，通常是数十年。 与深度科学相关的创新通常以一种原型模式形象地展示出来，并反映在公司上市后的科技股票价格中。 这种模式下，首先是初始投资者的热情将股价推升到发行价之上，随后一波投资者的抛售浪潮将股价压低，有时甚至低于 IPO 价格，接下来是长时间的盘整，随着时间的推移股价开始上涨，反映出价值创造的复苏。 这种原型模式可以从英特尔和安进公司的股价中观察到，这两家公司都是深度科学领域的长期创新者。

英特尔公司成立于 1968 年，并于 1971 年完成 IPO，筹集了 680 万美元，每股 23.50 美元。（请注意，680 万美元相当于今天的 4,000 万美元，这符合小规模 IPO 的标准。）公司的股价表现出了一种深度科学领域创新公司的常见模式（见图 5 -5）。 最初投资者的乐观情绪导致股价大幅上涨，随后出现了抛售。 盘整随之而来，后续的股价不断上涨，反映了一段持续的价值创造过程。在英特尔的案例中，微处理器的发展——一个真正的变革性产品——引领了一场持续至今的计算机革命。

图 5 -6 展示了安进公司上市后的股价表现。 该公司成立于 1980 年，在 1983 年完成 IPO，筹集近 4,000 万美元（换算为 2016 年的货币约为 9,600 万美元）。 1983 年，新型治疗剂抗贫血药 Epogen 的发现为安进公司 IPO 奠定了

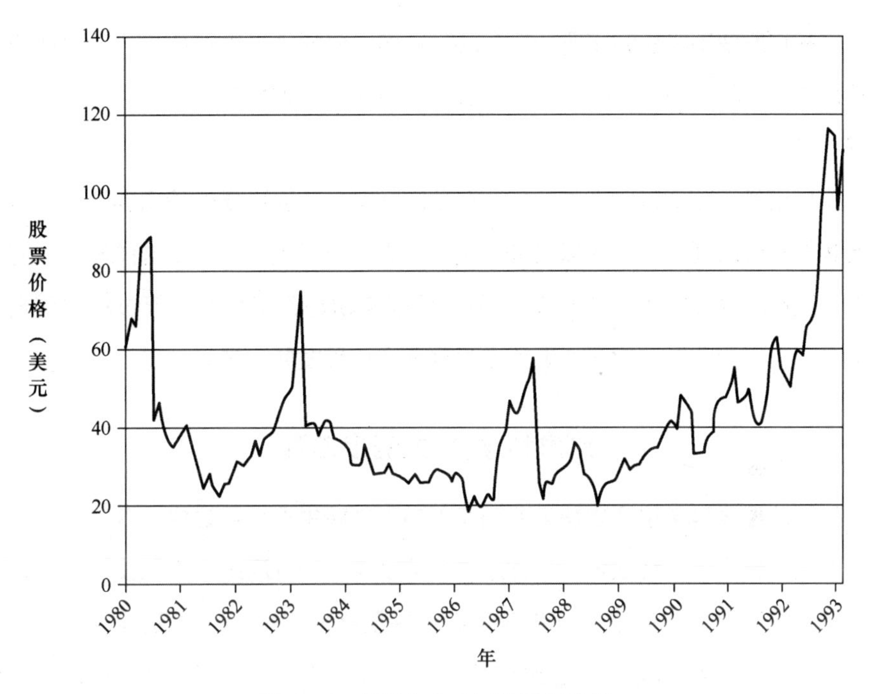

图 5-5　英特尔上市后的股票价格

资料来源：YahooFinance. com.

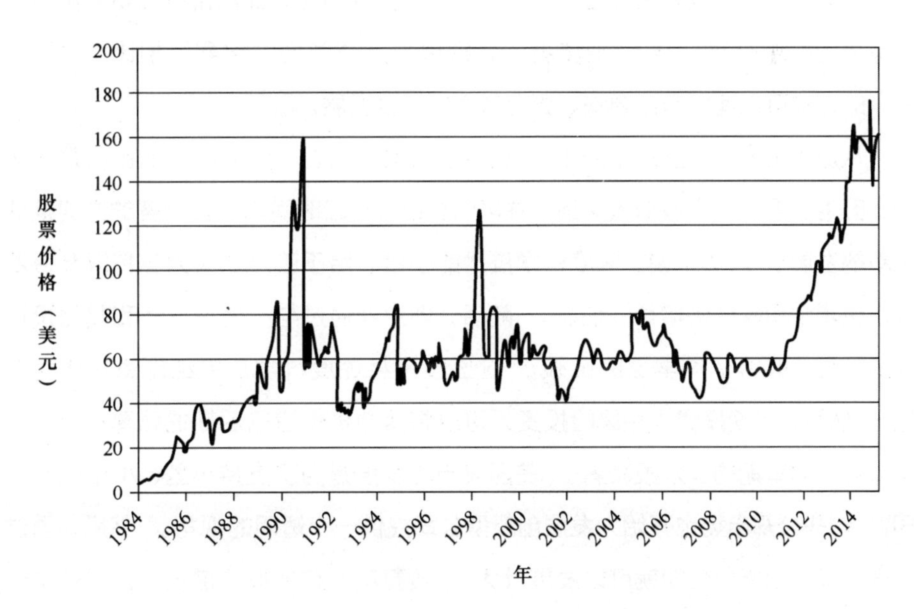

图 5-6　安进公司上市后的股票价格

资料来源：YahooFinance. com.

基础，并在股票市场引起了不小的轰动，正如该公司上市后的股价大幅上涨所显示的那样。 新发现的公布，促使安进的股价随着时间推移持续走高，然后盘整阶段到来。

正如英特尔和安进公司的历史所显示的那样，深度科学的价值创造道路需要相当长的一段时间——不是以几年，而是以几十年来计量。 在这样长的时间框架内，股价反映了巨大的波动性。 股票价格波动是深度科学创新过程的重要组成部分，正如商业周期对于长期的宏观经济增长和发展一样。

深度科学：伟大的接力赛

为了让深度科学投资更快地回归并参与到创新生态系统之中，并打造一个充满活力的创新经济，必须要有一种方法，可以让每一位深度科学的投资人可以把接力棒连续不断地传递给下一位参与者，并最终使之成为一场延伸的接力赛。当一位早期投资人可以“传递接力棒”给下一位投资人，并且这个过程可以重复多次时，创新就会得到最有效的发展。 “传递接力棒”可能意味着将你的位置卖给后期投资人，或者仅仅是让一位新投资人投入资金，而当前的投资人则持续持有公司的所有权。 与“跑步者”必须单独完成整场“比赛”相比，“接力赛”的方式可以使创新以更快、更有效率的速度发展。

从历史上看，美国在创新接力赛上处于领先地位。 深度科学的创新是成功的，因为出现了一个投资人网络，并可以在很长一段时间内以接力赛的方式推动创新的发展。 具体来说，深度科学技术的引擎，始于政府的大力支持以及资助技术进步会引领经济增长的信念。 随后，创业者通过与天使投资人和风险投资人的接触，取得了科学上的突破。 这些投资将深度科学从单纯创意转化为产品。 然后，天使投资人和风险投资人可以将接力棒传递给后期的私募投资人、实体企业和早期的公众投资者。 美国股市的发展是为了支持小型、小市值的公司。 这些公开市场也开始为发展创新型公司提供一个透明的视角。 然后，通过公开市场，创新型公司就可以发展壮大。 随着实力和规模的增长，公司获得资本的渠道变得更加广泛多样。

在美国，这个过程从 20 世纪 50 年代到 2000 年是有效的，并使得美国的科学发展成为全球成功的典范。然而，在2000年，由于20世纪70年代开始的许多监管变化，面对小微创新技术公司的公开市场骤然关闭。缺少了这个关键的接力队成员，在接下来的15年里接力赛结束了。早期的参与者发现，如果没有人跟随他们进入创新的过程，他们的参与将变得更加困难。缺少了随后的参与者“接棒”，接力赛无法进行，深度科学的投资开始变得混沌。如果没有后期的参赛选手去完成比赛，那么也就没有人愿意跑接力赛的第一棒。

接力赛失去主力选手（2000－2016年）

第二次世界大战后，美国公开市场成为深度科学创新持续体的“主力”投资者。天使投资人和家族投资人把接力棒传递给了风险投资人，然后后者又将接力棒传递给了那些将公司以IPO方式推上市的后期投资人。正如第3章所讨论的那样，ARD投资的许多公司很快就在小型交易所挂牌成为上市公司，并在这些交易所中成长。当英特尔公司1971年上市时，它并不是今天这样的庞然大物，而是一家小型的半导体公司，在IPO时筹集了大约4,000万美元（以今天的价值计算）。安进公司和基因泰克公司也是如此。今天，这些都是财富500强公司，从在相对小型的公开资本市场首次亮相至今，它们经历了30～40年的时间。

如果现今要把一个像1971年的英特尔公司的小公司推至公开资本市场上市，是否有机会？答案很可能是否定的。

大卫·威尔德（David Weild）和爱德华·金（Edward Kim）在其2011年的论文“为什么IPO是重灾区？”中讨论了IPO命运的变化。[2]在20世纪90年代，募集金额不到5,000万美元的小型IPO数量很多（占所有IPO的60%～80%），并且在IPO市场占据主导地位。作者认为，互联网泡沫并没有导致新股IPO数量的增加，而是在这个泡沫时期大幅扩大了IPO的融资规模。在互联网泡沫破裂后的几年里，大型IPO的数量并没有大幅下降，但募集金额低于5,000万美元的IPO数量却急剧下降了。图5－7显示了1991－2008年IPO中，交易金额小于5,000万美元与交易金额等于或大于5,000万美元的对比。

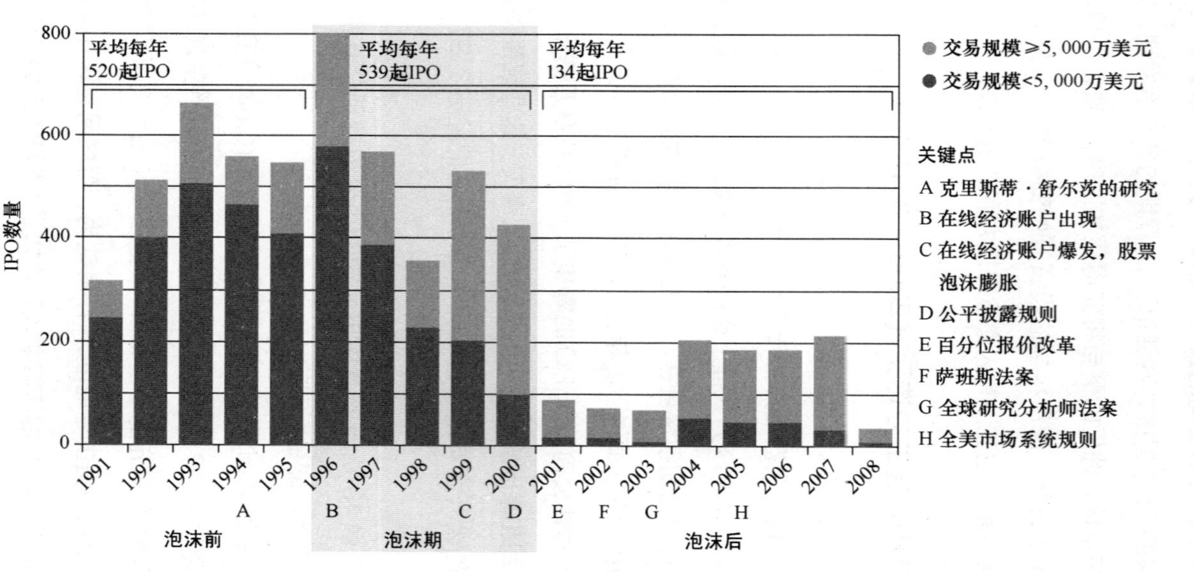

图5-7　1991—2008年的IPO数量

注：2008年是截至2008年10月31日的数据，不包括基金、不动产投资信托、特殊目的收购公司和有限合伙企业。

资料来源：Dealogic，资本市场咨询合伙企业。

当我们看到募集金额不到 2,500 万美元的 IPO 时，这些数据就更能说明问题了。从 1993 年到 1996 年，每年有将近 350 起 IPO，然而募集金额小于 2,500 万美元的 IPO 数量在 2000 年急剧下降至不到 25 起。[3]这一大幅下降始于 1997 年，当时在线经纪业务开始激增，比 2002 年的《萨班斯—奥克斯利法案》（Sarbanes-Oxley Act，简称《萨班斯法案》）等更严厉的法规的推出早了整整五年。

正如 1 亿 ~4 亿美元的规模是深度科学领域风险投资基金的基础，募资额低于 5,000 万美元的 IPO 是风险投资 IPO 市场的基础，也是深度科学领域投资接力赛的“最后一棒”。随着 2001 年至 2011 年小规模 IPO 逐渐消失，传统上支持深度科学的风险投资行业受到了深刻的影响。

当回顾 1996 年至 2000 年互联网泡沫时期的风险资本募集总额时，我们期望在 2001 年至 2010 年期间看到 IPO 总数的上升和更多的小规模 IPO。在 1996 年至 2000 年期间，风险投资的募资额从 1991 年至 1995 年期间的 280 亿美元，提高到了 2,436 亿美元，超过了 2001 年至 2008 年期间的 1,981 亿美元。然而，并非更多的资金流入风险投资就必然会创造更多的 IPO，IPO 的数量实际上在迅速下降。从 1997 年到 2000 年，风险投资所支持公司的 IPO 数量由近 20 起增加到 100 多起之后，在接下来的五年里，下降到每年 30 起以下。[4]很明显，市场上正在发生的一些事情在阻止小规模 IPO。此外，根据美国风险投资协会（NVCA）的统计，2007 年风险投资所支持公司实现 IPO 的年限中位数攀升至 8.6 年，这是自 1991 年以来最长的酝酿期。

大卫 · 威尔德和爱德华 · 金认为，导致 2001 年后小规模 IPO 匮乏的原因并不是互联网泡沫的破裂。相反，是一系列的变化困扰着公开市场，并最终导致了小规模 IPO 市场的崩溃。如果想要了解小规模 IPO 以及深度科学投资的激励机制是否会在未来的某个时候回归，那么我们就应该了解公开市场的结构是如何变化的。

其中一个重大变化，是嘉信理财公司（Charles Schwab and Co.）于 1996 年推出了在线经纪账户。随后，德泰在线经纪服务（Datek Online Brokerage Services）、亿创理财（E-Trade Financial）、沃特豪斯证券（Waterhouse

Securities）以及其他许多公司也迅速推出了这一服务。在线经纪账户的最初经纪费约为每笔交易 25 美元左右，这大大低于经纪行业的水平，因为基于咨询的线下经纪费约为每笔交易 250 美元或甚至更多。

威尔德和金指出："虽然不可能确定准确的因果关系，但可以合理推测互联网泡沫掩盖了一个潜在的异常状态：每笔交易在 25 美元以下、自主网上经纪账户的爆炸性增长，为股市带来了前所未有的投资机会，助长了泡沫，并摧毁了世界上最优秀的股票营销引擎。"[5]其结果是，零售股票经纪人的业务形态，从传统股票经纪业务不可持续的每笔交易抽取佣金模式，转变成为收取服务费的财务顾问模式。

传统股票经纪人的减少，对小型资本市场中的上市公司股票产生了重大影响。那些之前收取每笔交易 250 美元佣金的股票经纪人，经常在小型资本市场上寻找良好增长的投资机会，并将这些想法传达给客户。实际上，他们是小市值公司的股票市场商业拓展部门。这些经纪人给这些公司带来了股票需求，使它们能够成长为上市公司。

第二个主要变化，是 2001 年的百分位报价改革（decimalization）。从理论上讲，把每股的最小变动价位由"分数增量"方式变为"百分位增量"方式，应该降低了交易成本，对投资者来说是一个净利好。然而，一旦将价格变量降至 0.01 美元，为小规模且风险较高的股票做市的诱因就消失了。交易的执行变得自动化，之前每股收益 0.25 美元的做市商现在每股收益仅 0.01 美元，而且他们实际上已从规模最小的股票中消失。流动性出现枯竭的危险。

与大市值公司不同的是，小型和微型市值的公司需要经纪商来支持其流动性、销售和股票研究，以维持一个活跃的市场交易。更小的交易价差和更小的价格变动单位所导致的后果之一是上市公司的数量大幅下降。上市公司的数量在 1997 年达到了 8,823 家的顶峰，而到了 2012 年几乎减少了一半，仅为 4,916 家。[6]这 15 年间上市挂牌交易公司数量连续下降。

对冲基金和其他大肆宣传的交易机构成为这个新市场的主导力量，这很可能是以长期基本面投资者和提供流动性的中介机构为代价换来的。大卫 · 威尔德、爱德华 · 金和丽莎 · 纽波特（Lisa Newport）在一篇论文中提到，利用资本来维持优质小公司的做市商模式已经从现在流行的电子订单中消失了。[7]公司现在采取自营的交易策略，做市模式正在消失。

威尔德和金在他们2011年的论文中，做出如下总结：

> 一般来说，经济学家和监管机构认为，竞争和交易成本的降低对消费者有很大的好处。但这只是一个角度上的正确观点。从投资的角度来看，更高的前端或交易成本，以及惩罚投机性（短期）行为的税收结构，可能会对投机行为产生不利影响，并会对投资行为（买入和持有）产生激励作用。这可能是避免经济繁荣与萧条交替循环的必要条件，并维持必要的基础设施以支持健康的投资文化。当市场的摩擦阻力消失时（即参与交易的成本很低），大量的投资者就更容易参与投机活动。这首先发生在1996年，每笔在线交易的经纪佣金为25美元（后来跌至每笔交易10美元以下），并在2001年实现了百分位报价。随后，消费者纷纷涌向市场。[8]

第三个变化是在2000年至2003年间美国实施了“公平披露规则”（Regulation Fair Disclosure, 简称 RFD）和“全球结算管理条例”（Global Settlement Regulations），因为这些规定，对小市值股票至关重要的股票研究的价值下降了。2007年哈佛商学院的一项研究表明，通过限制银行利用股票研究来支持银行业务，“全球结算管理条例”影响了银行对研究进行资助的模式。这也导致了美国股票市场研究的重新分配，从银行转向经纪公司、小型研究机构和买方机构。研究表明，相比其他类型机构的分析师，银行分析师的研究成果的偏见更少、质量更高。[9]

卖方的股票研究，只能通过机构获得的佣金才能存活下来，因此研究所覆盖的公司，以及倾向的研究类型，都会进行调整以满足这种需求。关注小体量的上市公司的优秀分析师实际上已经消失了，因为他们的研究不会再获得支持。这些小市值公司的故事需要被了解和传播，而华尔街的投资银行，特别是一些规模较小的投资银行，则是讲述这些故事的地方。公平披露规则导致机构停止了对研究的支付溢价。由于股票经纪人无法获得合适的佣金，他们对股票零售业务的研究也减少了。优秀的卖方分析师离开华尔街，加入对冲基金。股票研究的“肤浅化”正如火如荼地进行着，而留给小公司的是不被推荐或越来越无效的推荐。

由于监管规定改变了投资银行业的性质，小型投资银行的数量也出现了大幅下滑。小型投资银行过去曾给那些在IPO中筹集资金不足5,000万美元的公司提供帮助，并通过研究和交易支持它们。在过去的20年里，华尔街投资银行的数量出现了惊人的下降，其中很多投资银行非常适合为科学公司提供资金（如表5－1），这种显著的下降导致了金融市场的多样性崩溃。在表5－1中，粗体的名字是已经被收购或不再经营的投资银行。

让更多的投资银行参与到深度科学创新生态系统中来，对于深度科学投资的未来是大有裨益的。当金融市场民主化，以及一大批投资银行和投资者都能承担科学投资的内在风险时，金融市场将会运作良好。

资本市场生态系统的这种趋势导致了对小型上市公司的支持出现崩溃。即使规模较小的公司借助一家大型投资银行实现上市，但由此产生的市场推销和分析师推荐也会很快结束。根据我们的经验，在公司IPO上市后的几个月里，负责其上市的投资银行就几乎完全让出了原先的主导做市商地位。它们实际上放弃了这只股票。

众所周知，华尔街为数不多的大型基金贡献着华尔街投资银行的绝大部分的交易佣金。[10]这些基金之所以成为最好的客户，不是因为它们会长期持有公司的股票，而是因为它们经常进行交易。这些都是从事高频和快速交易的对冲基金。由于如此少量的公司几乎占据了华尔街所有的佣金，所以IPO的推销范围也远小于以往。由于缺乏推销，当高频交易的机构出售这些新发行的证券时，没有人熟悉它们，也不愿意成为交易对手来购买股票。这与前面讨论的其他变化一起，导致了小市值资本市场的流动性缺乏，这使得小公司难以在公开市场获得成长所需的额外资本。

公开市场结构的变化和小规模IPO的匮乏，都不利于深度科学领域的投资和经济的增长。根据世界交易所联盟（World Federation of Exchanges）的统计，美国公司从公开市场退市的数量已经超过了新上市的数量，这导致了2000年以来上市公司的数量减少了36%。[11]大卫·威尔德和爱德华·金也公布了同样

表5-1 投资银行系统的崩溃（1994年）

AB Capital and	Dean Witter Reynolds	Harris Nesbitt Gerard
Investment	**Deutsche Bank**	H. J. Meyers
Advest	**Securities**	Howe Barnes
AG Edwards and Sons	Deutsche Morgan	Investments
Allen and Co.	Grenfell	IAR Securities Inc.
Americorp Securities	D. H. Blair	ING Barings
Anderson and Strudwick	Dickinson	**International Assets**
AT Bred	**Dillon Gage Securities**	**Advisory**
Auerbach, Pollak and	Donaldson, Lufkin and	Investec
Richardson	Jenrette	Investors Associates
Banc of America	Equity Securities	J. Gregory
Securities	Investment	James Capel
Baraban Securities	Everen Securities	**Janney Montgomery**
Barber and Brenson	FAC Equities	**Scott**
Baring Securities	FEB Investments	J. C. Bradford
Barington Capital	First Asset Management	Joseph Stevens
Barron Chase Securities	First Equity Corporation	Josephthal
Beacon Securities	of Florida	**J. P. Morgan Securities**
Bear Stearns	First Hanover Securities	J. W. Charles Securities
Brenner Securities	First Marathon	Keane Securities
Chase H&Q	**Friedman Billings**	Kennedy Matthews
CIBC World Markets	**Ramsey**	Landis Healy
Citigroup Global	**Gilford Securities**	Kensington Wells
Markets	GKN Securities	Kidder, Peabody and Co.
Commonwealth	Glasser Capital	Kleinwort Benson
Associates	Global Capital	Securities
Comprehensive Capital	Securities	**Ladenburg Thalmann**
Craig-Hallum Group	**Goldman Sachs**	Laidlaw Global
Credit Suisse First	Grady and Hatch	Securities
Boston	Greenway Capital	Lam Wagner
D Biech	Hamilton Investments	Lazard Frères
Dain Rauscher Wessels	Hampshire Securities	L. C. Wegard
Daiwa Securities	Hanifen Inshoff	Legg Mason Wood
America	Harriman Group	Walker

（续）

Lehman Brothers	Paribas Capital Markets	Schroders
L. H. Alton	Parker Hunter	**SG Cowen**
Mabon Securities	Patterson Travis Inc.	Smith Barney
Marleau Lemire Securities	Paulson Investment Co.	Spectrum Securities
Matthews Holinquist	**Piper Jaffray**	Spelman
McDonald and Co.	Principal Financial Securities	**Stephens**
Merrill Lynch	Prudential Securities	Sterling Foster
M. H. Meyerson	RAF Financial	Sterne, Agee and Leach
Miller, Johnson and Kuehn	RAS Securities	Strasbourger Pearson
Montgomery Securities	**Raymond James**	Stratton Oakmont
Morgan Keegan	R. Baron	Summit Investment
Morgan Stanley	Redstone Securities	Texas Capital Securities
Murchison Investment Bankers	Rickel and Associates	Thomas James
NetCity Investments	R. J. Steichen and Co.	Toluca Pacific Securities
NatWest Securities	**Robert W. Baird**	Tucker Anthony
Needham and Co.	Robertson Stephens	**UBS Securities**
Neidiger Tucker Bruner	Robinson-Humphrey	VTR Capital
Nesbitt Burns	Rocky Mountain Securities	Wachovia Capital Markets
Nomura Securities	Rodman and Renshaw	**Wedbush Morgan Securities**
Norcross Securities	Roney Capital Markets	**Wells Fargo Securities**
Oak Ridge Investments	**Roth Capital Partners**	Werbel-Roth Securities
Oppenheimer and Co.	Royce Investment Group	Wertheim Schroder and Co.
Oscar Gruss and Son Inc.	RwR Securities	Westfield Financial
Pacific Crest Securities	Ryan Lee	Whale Securities
Pacific Growth Equities	Salomon Brothers	**William Blair**
PaineWebber and Co.	Sands Brothers	Yamaichi Securities
Paragon Capital Markets	Schneider Securities	Yoo Desmond Schroeder

资料来源：David Weild, “The U.S. Need for Venture Exchanges” (presentation, Advisory Committee on Small and Emerging Growth Companies, U.S. Securities and Exchange Commission, Washington D.C., March 4, 2015), slide 12.

的趋势，詹森·沃斯（Jason Voss）将威尔德和金的研究结论追溯到了 1975 年。沃斯在报告[12]中表示，从 20 世纪 90 年代末开始，新上市公司的数量开始下降，1997 年至 2012 年间新上市的公司数量从 9,000 家减少到 5,000 家（见图 5-8）。沃斯追踪这种趋势，发现同一时期的就业岗位减少了 1,000 万个，因为缺乏上市机会导致公司延缓了其扩张和招聘。这些都是快速成长公司里的就业岗位，由于 IPO 数量减少，募集的初始资本也减少，这些就业岗位被大量削减了。

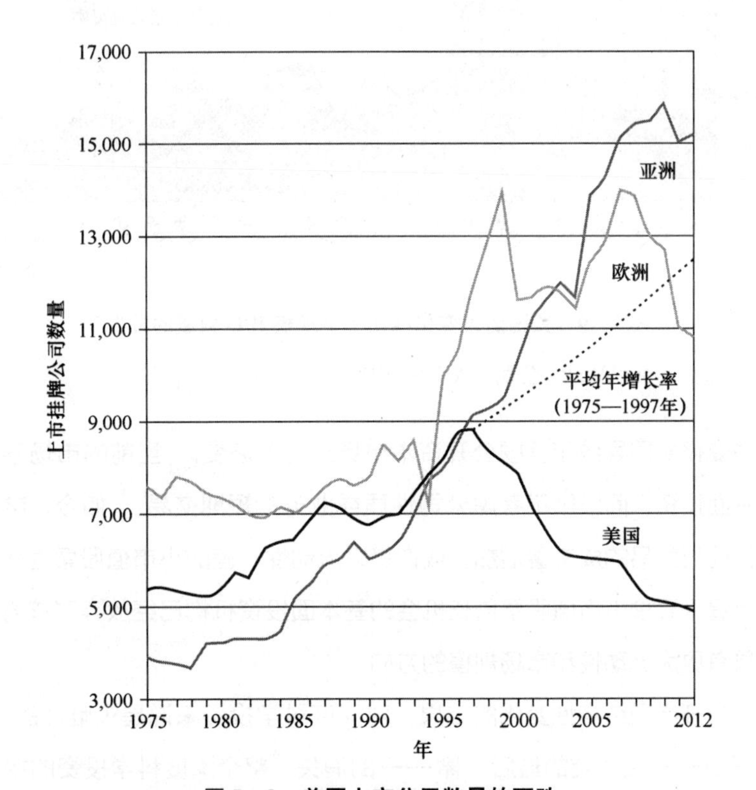

图 5-8 美国上市公司数量的下跌

资料来源：IssueWorks 公司，2013—2014 年。

图 5-9 显示了 1991 年至 2014 年期间，每一项监管规则的变化如何导致募资额不足 5,000 万美元的小规模 IPO 数量的减少。[13]

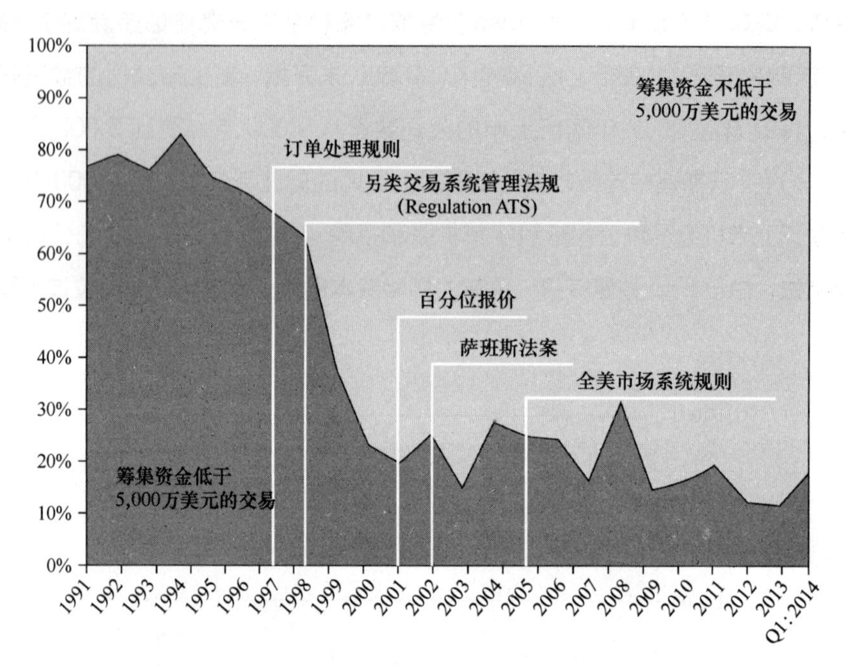

图 5-9 美国监管变化推动了小规模 IPO 数量的减少

资料来源：IssueWorks 公司，2013—2014 年。

这些变化共同导致了美国公开资本市场结构的演变。当前的市场不鼓励长期的基本面投资，而鼓励不考虑公司性质或业务的短期交易。如今，电子交易基金和其他衍生品的成交量增加，或许是以流动性较差的小市值股票为代价的。从历史上看，寻求小市值股票增长机会的基本面投资机构已经放弃了该方向，转而寻求具有更大流动性和市场规模的方向。[14]

这些公开市场结构性变化的结果，对深度科学投资来说是灾难性的。由于小规模 IPO——接力赛的最后一棒——的消失，整个深度科学投资的接力竞赛开始动摇。

有人可能会认为，小规模 IPO 市场的风险很大，因为这些上市公司不够成熟。尽管这些公司中确实有很多失败了，但它们也可以提供一种增长模式，有可能让公众股东获得超出初始投资许多倍的回报。通过尽早让这些公司进入公开市场，尽早实现 IPO，这些公司可以与更大规模、更多样化的投资者一起成长和繁荣。公开市场本质上提供了大量可供投资的创意和机会。例如，富达公司管理着超过 1 万亿美元的零售资金，由于上市公司的流动性要求和透明性要求，需要将这些资金大量投给上市公司。

通过尽早启动 IPO，更多小公司将可能获得必要的资金，散户投资者能够再次参与 IPO 的回报。如果公司像优步一样，保持私有状态更长时间，那么收益会怎么样呢？答案是，非常非常少的几家机构化投资基金将会收获绝大部分的回报。现在谁是在 IPO 市场中的赢家？少数几家最大的投资银行、一小部分银行家，以及控制华尔街绝大多数佣金的一小部分机构。这种情况与美国民主理念中创意与机会的多元化并不相符。如果我们重新依赖早期的 IPO，我们可能会把多元化的观点和想法带回到投资中。

从历史上看，大多数风险投资机构只筹集过一只基金，然后就消失了，因此在 2000 年运营的风险投资机构中，有 2/3 在 2015 年消失了。[15] 在 2000 年至 2012 年的艰难岁月中幸存下来的大多数风险投资机构，都迅速转向了软件领域的投资，这个领域的时间框架属于当前投资人喜欢的更短投资时间框架。后期投资基金兴起，并开始投资那些没有额外资本渠道的公司，但即使是后期基金，投资于深度科学也遭受了损失，因为小规模 IPO 市场仍未向它们开放。

与此同时，风险投资机构在深度科学上的早期投资也急剧下降。普华永道和美国风险投资协会（NVCA）基于汤森路透的数据发布的 *MoneyTree* 报告中，记录了过去十年中的这种情况。2012 年，据报道，尽管在基因组学、微型核糖核酸（microRNA）、药物输送、诊断、疫苗等科学领域取得了一些令人兴奋的进展，但这些领域的公司首次融资金额却下降了 50%以上。[16]

进入这个行业的资金越来越少，可不是一次季度性的短暂波动，而是一个长期的趋势。根据 NVCA 的数据，风险投资行业已经大幅收缩，2000 年的科技泡沫期间，有 1,022 家活跃的投资机构，但到 2010 年，只剩下 462 家活跃机构。NVCA 将“活跃机构”定义为在过去一年给被投公司投资至少 500 万美元的机构。但活跃机构的数量仍在下降，因为有许多机构是在 2008 年金融危机之前筹集的最后一只基金。2008 年前的大部分资金已经投到被投公司里了，这些机构不可能回头去找他们的养老金、捐赠基金和基金会出资人继续提供更多的资金，至少要等到他们能够实现更高回报之后。过去四年来，随着投资组合公司实现上市或被大型制药公司高价收购的可能性变得微乎其微，深度科学的风险投资行业正在走向衰落。[17]

公共投资的“短期主义”

在与美国国内投资人交谈时，很难激发其超过三到六个月的投资理念；有时候，在美国的长期思考似乎意味着只要考虑 12 个月的时间。就此与英国的投资人做对比：景顺基金（Invesco Perpetual）是一家非常知名的设在英国的投资机构，其投资组合的平均持有时间接近 17 年！景顺基金并非个案，Woodford 和 SandAire 基金都设在英国，它们也都投资并且持有很长时间。

投资人的时间期限已经成为美国金融市场的一个重要话题，因为越来越多的人认为投资人和大企业越来越短视，越来越关注短期回报。近年来，媒体对投资人在美国资本市场的投资期限缩短进行了大量讨论。正如我们所讨论的那样，基于深度科学的变革性技术相关的商业化进程往往很长，会持续多年，有时甚至超过 20 年（见附录 2 中的 Nantero 公司案例研究）。

虽然也有例外，但公开交易证券的投资者的投资期限往往较短。迈克尔·戴尔（Michael Dell）在得克萨斯大学的宿舍创办了一家通过互联网销售个人电脑的公司，几年后成功完成了 IPO，然后又在 2013 年将其私有化。戴尔注意到，如今许多股东的行为更像是股权的承租人，而不是企业的所有者。如同他在给股东的一份说明中所指出的那样，他将戴尔公司私有化的决定，反映了他希望公司能作为一家私人公司，可以变得“更灵活、更具创业精神，使其能够做到最好——以一心一意的目的为客户服务，并帮助客户实现其目标的创新”。[18]

如今，越来越多技术公司的高管赞同戴尔的观点，即公开交易证券的投资者关注短期而非长期。尽管如此，许多人不愿公开表达自己的观点，因为他们目前所经营公司的股票正在美国证券交易所挂牌交易。正如投资战略师迈克尔·莫布森（Michael Mauboussin）所指出的，“短期主义”——也就是说，以牺牲较高的长期回报为代价，做出看起来短期有益的决策——是当今投资行业的一个主要问题。[19]

从 2003 年到 2007 年，依我们的经验，小规模资本市场投资交易中的许多对冲基金投资者，持有时间跨度不到一年。 事实上，在公开市场的二级交易中，我们发现超过 2/3 的投资者在交易 90 天后不再是公司的投资者。 当你通过融资来创造一些需要很多年才能实现价值的东西时，你会发现资本的期限与其投入的时机是极端不匹配的。

乔治 · 吉尔德在其著作《金钱丑闻》（*The Scandal of Money*）中，将信息理论的深度科学应用于货币体系，他解释了美国投资人和企业高管的时间期限明显缩短的原因，这是金融体系的函数，该体系被陈旧的货币政策和沉重的监管规定所扰乱，在混乱的海洋中螺旋式下降。[20]吉尔德说，货币混乱使整个经济陷入瘫痪。 过去十年美国经历的那种货币操纵，将利率降到零，缩短了经济周期的时间。 接近于零的利率，产生了吉尔德所谓的“自由货币”，这反过来又收窄了未来企业的视野。 其结果是随着时间的推移，抑制了促进增长和经济活力所需的创业知识。

短期主义造成了大量的麻烦，据说困扰着投资界的所有各方，包括投资经理、被投公司和投资人。 莫布森说，典型的情况是投资人要求短期业绩，迫使投资经理专注于眼前的收益，这最终促使投资经理去迫使公司实现季度性业绩。

莫布森认为，当今市场上的短期主义很可能反映出技术的加速及指数式的增长，以及世界正在加速的感觉。 在一个技术变革加速的世界里，对未来的押注就显得轻率。 如果一家公司经济利润的可持续性稍纵即逝，那么就没有理由对未来给予很高的重视。

图 5 - 10 显示了美国技术变革的加速及其对家庭的影响。 该图显示了一些重要的新技术，包括一些通用技术，用了多长的时间才获得美国一半人口的接受。 美国的一半人口用了 70 多年的时间才拥有了一部电话，用了 50 多年的时间才用上了电，但只用了 19 年的时间就获得了一台个人电脑，而实现上网的时间仅仅 10 年。 随着技术扩散速度的加快，市场的变化速度也加快了。这有助于解释在经济主体之间观察到的投资时间期限的缩短，即短期主义的部分成因。

虽然大家似乎普遍认为存在短期主义，但短期主义的许多证据是基于个人的看法，而不是基于股票市场本身。 此外，投资周期的缩短可能是与技术变革步伐有关的因素造成的。然而，正如莫布森所指出的，投资经理、公司和投资人仍面临短期业绩表现的压力。

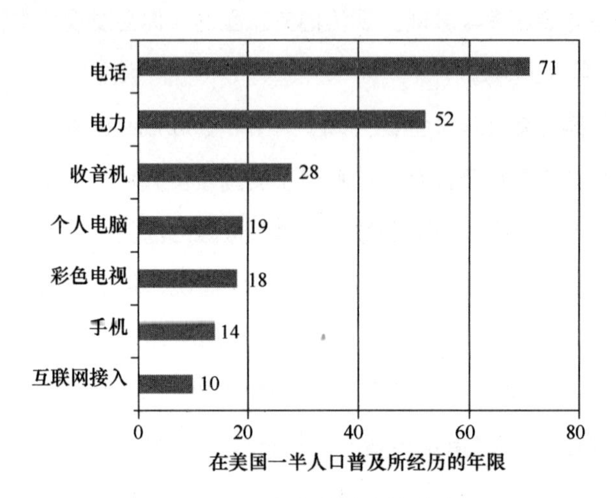

图 5－10　新技术的扩散速度

资料来源：Adam Thierer and Grant Eskelsen, *Media Metrics*: *The True State of the Modern Media Marketplace* (Washington, D.C.: Progress and Freedom Foundation, 2008), 18.

监管的束缚

监管是公开市场结构变化的驱动力之一。《萨班斯法案》和《多德—弗兰克华尔街改革和消费者保护法》（Dodd-Frank Wall Street Reform and Consumer Protection Act），以及追溯到 1975 年谈判达成的证监会决定的其他监管改革，相互交织，为小市值上市公司构建了一个异常艰难的环境。正如风险投资机构哈里斯集团创始人查尔斯·哈里斯（Charles Harris）常说的："监管有利于当权者。"这些监管变化是美国监管强化的大趋势中的一部分，这在查尔斯·默里（Charles Murray）2015 年出版的《民治》（*By the People*）一书中也得到了强调。

正如默里在书中所指出的，1937 年至 1942 年美国最高法院具有里程碑意义的裁决，不可逆转地扩大了国会在立法范围上的权力，以及行政部门可以参与的活动。其结果是，监管和法律系统的复杂性大幅度增加。例如，2002 年的《萨班斯法案》对公司财务披露规则进行了全面修订，篇幅长达 810 页；2010 年《患者保护与平价医疗法案》（通常称为“奥巴马医改”）篇幅 1,024 页；针对 2008 年金融危机而通过的《多德—弗兰克华尔街改革和消费者保护法》长达 2,300 页；美国税法——400 多万字——大约是钦定版《圣经》的 5 倍，其中充满了含糊不清及特殊的条款。[21]

默里指出，法律的复杂性常常造成一种局面，不仅是与无法律状态区分不清，也与盗贼统治非常相似。现在，小企业主通常需要支付他们负担不起的律师费用，以便从官僚主义造成的混乱中获得一个决定。但这些决定往往并非有多么的不同寻常，其实只是对一些无关痛痒商业活动的日常许可，这些使得官僚机构内部都感到困惑。规章制度太过复杂，以至于大家都需要律师。监管政策总是有利于一个行业的管理者，而不是创业者，这也是对经济活力的一种征税。

与此同时，美国实行严格责任原则，这对创新产生了不利影响。“严格责任原则”是指即使不涉及过失，被告也可能被迫支付损害赔偿金。严格责任原则在 20 世纪 40 年代适用于产品制造商，正如默里所指出的那样，现在已经在服务行业成为事实。新产品的预期责任成本如此之高，以至于许多改进型产品，包括安全性改进，都没有推向市场。默里指出，从产品制造商和服务提供商的角度来看，如今在美国被认定负有责任，可能会感到是被闪电击中了。根据严格责任原则，是否有过失甚至都不重要。美国的法律制度并不需要认定一家公司做了什么错事，才需要为被指控的违约行为付出代价。默里说，这感觉类似于无法律状态。

美国法律发展对创新的另一个主要威胁，是行政法庭的兴起以及国会对监管相关诉讼的煽动。在扼杀创新和经济活力方面，这种法律发展或行政法可能是最有害的。默里指出，今天的美国监管机构几乎完全独立，行政法庭内没有陪审团。如果一家公司因违反任何监管机构（证监会、环保局、职业安全与健康管理局、卫生和公共服务部、能源部或其他众多联邦监管机构）颁布的法规而受到起诉，被告将在行政法庭审判室的法官面前出庭。行政法庭法官由审理此案件的机构选定，并且是该机构的雇员。

默里指出，普通法院使用的大多数证据规则在这里都不适用。为监管机构辩护的律师承担的法律举证责任是“优势证据原则”，而不是“明确和令人信服的证据”，更不用说“超越合理怀疑的证据”去证明你有罪。如果行政法庭法官认为有51%的人赞成监管机构对被告的指控，则认定被告有罪。如果被告不认同行政法庭法官的判决，可以提出上诉，但只能向监管机构内的另一部门提出。简而言之，行政法庭是一个充满偏见的系统。更重要的是，如默里所指出的，从这个词最直接的意义上来说，美国的监管状态是超出法律范围的，它被置于宪法法律秩序之外。

变革之路

贯穿本书，我们一直认为风险投资支持的创业者已经成为深度科学创新生态系统的重要组成部分。在美国历史上，这种伙伴关系通过创新，以及由创新所创造的新行业和新市场，带来了经济活力、生产力增长，并让政府支持的研究与发展实现了巨大回报。

如图5-11所示，企业、政府和慈善组织为深度科学生态系统内的研究提供了资金支持。创业者们将新兴发明和知识产权进行资本化，推动了一个充满活力的创新进程。直到2001年，在美国，创业投资领域一直是一场强劲的“接力赛跑”，小规模IPO市场使之充满活力，但随后又反推到扩张阶段、早期阶段和种子资本。美国经济中的创业者和风险资本一直是巨大的受益者，因为这种创新生态系统为研发提供了回报。

但是，正如我们在前面几章中所看到的，小规模IPO市场崩溃、风险投资机构化以及与短期投资时间期限相匹配的软件投资的增加，产生了多方面的影响，导致了深度科学投资的崩溃。图5-12显示了变化中的深度科学投资格局。传统的创业投资模式有助于推动经济活力，并将硅谷推向更高的高度，包括各种风险投资交易和充满活力的IPO市场。目前深度科学创新的创业投资环境中，缺乏传统资金来源中最具活力的要素：风险投资和IPO。

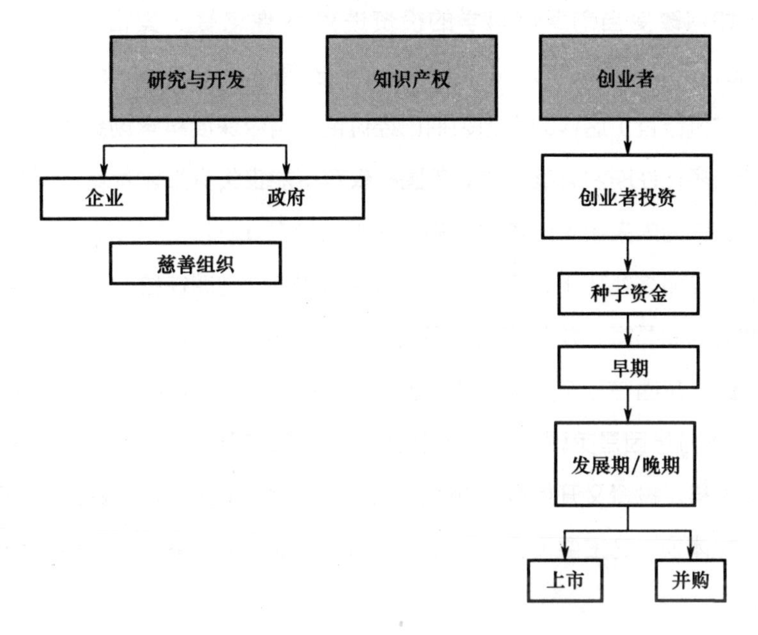

图 5－11 深度科学的创新生态系统

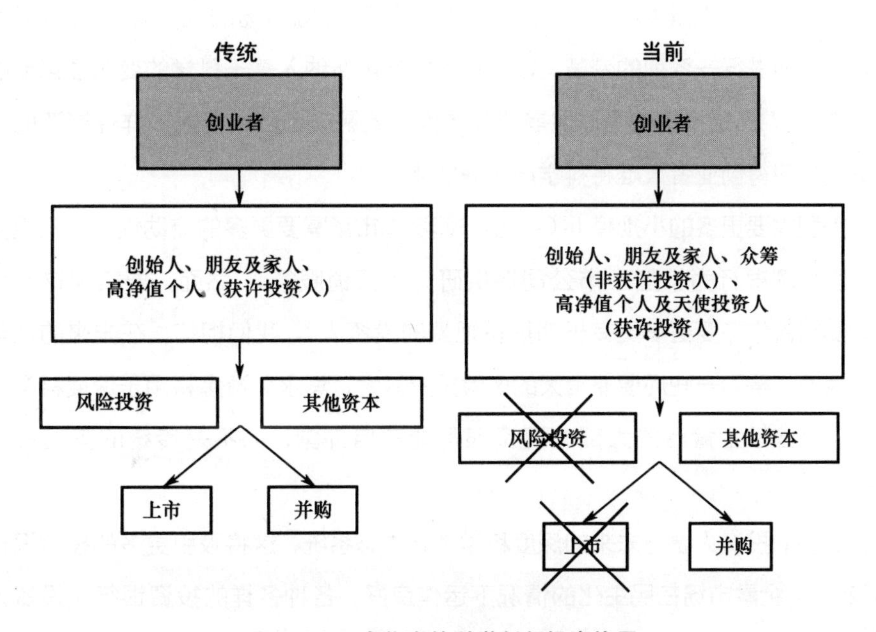

图 5－12 变化中的科学创新投资格局

为了振兴充满活力的经济，我们必须找到一个解决办法，解决目前创新投资多样化的问题。

我们如何改变当前深度科学的投资进程？ 像诺曼 · 奥古斯丁（Norman Augustine，洛克希德马丁公司前董事长）和安德鲁（安迪）· 葛洛夫（英特尔公司前首席执行官）这样的思想领袖已经讨论了当今深度科学创新的迫切需要。如果目前的多样性崩溃继续下去，美国不仅有可能丧失其技术优势的基础，而且有可能失去作为未来技术进步根基的底层基础设施。

美国的美丽之处在于，商业活动中所经历的波动周期往往比世界上许多其他地方的波动周期要短，并且能比许多国家更快地从大衰退中恢复过来。 当投资领域中的某样东西往一个方向摆动太远时，它往往能比世界上其他地方更快地纠正自己。 部分原因是美国人更愿意冒险，更愿意重塑自己。 因此，现在我们可以看到深度科学投资又开始受到重视。 谷歌和 Facebook 等知名公司一直是软件和社交媒体领域的主要投资人，如今它们正着眼未来，参与深度科学和硬件的投资。

人们可能会问一个简单的问题：“促进美国经济活力所需的变革将从何而来？”答案是可以推测的。 我们在风险投资和金融市场的几十年经验告诉我们，将需要进行一系列的变革，以便将多样性重新纳入基于科学的变革性创新的投资进程。 风险投资的多样性崩溃只是美国金融市场更大范围多样性崩溃的一部分，这使得创业者很难将科学产品商业化。

美国需要更多的小规模 IPO，小市值资本市场需要更多的流动性，以及更多的小型投资银行为小型上市公司提供研究和营销服务。 然而，要实现这些目标，美国首先需要更多具有长期投资视野的投资人。 我们相信，在未来的几年里，我们将看到一些规模非常大的风险投资基金，其永久资金将用于深度科学研究，但这些基金背后的大部分资金很可能来自外国，而不是传统的美国资金来源。

更多的投资人参与未来的深度科学创新生态系统，这将吸引更多的投资银行的加入。 金融市场在民主化的情况下运作良好，各种各样的投资银行和投资人能够承担投资科学创业公司的固有风险。 值得注意的是，美国近年来采取了一些积极步骤，使投资过程民主化，使得小市值公司更容易从更多的投资人那里筹集资金。

SEC 决定，对截至 2016 年 5 月的小型公司的股票最小变动价格进行一项试点研究，这是朝着正确方向迈出的一步，也可能是开始为深度科学重新打造一个更具活力的小市值公开市场的最佳途径之一。这一备受期待、为期两年的测试计划，旨在确定使小型公司的股票最小变动价格增大或者交易者的股票买卖价格之间的差异增大，是否会提高投资人对股票的兴趣。此举是从十多年来以“美分”为最小交易价格变动单位的要求转变而来。活动的倡导者说，更大的价格变动单位将使交易者获得更高的回报，使他们交易股票的动力更足，减少波动。批评人士表示，该计划的目标是雄心勃勃的，但除了让某些股票的交易变得更加昂贵之外，不会产生什么别的收获。

还值得注意的是，近年来在社交媒体上出现了面向融资领域的应用，比如 Kickstarter 之类的众筹（或众包）平台。这些基于社交媒体的平台正在改变初创公司可以使用的融资方式。众筹获得了创业者的青睐，因为他们可以快速有效地从众多个体投资人哪里筹集种子资金。虽然各国的众筹规则不同，但它们都使用社交媒体来筹集资金。

众筹可能取代早期的深度科学投资人。根据咨询公司 Massolution 最近的一份报告，截至 2016 年，众筹行业的融资规模正在超过风险投资。[22] 2010 年，早期用户在网上众筹的市场规模相对较小，据报道大约 8.8 亿美元。2014 年，众筹金额达到 160 亿美元，2015 年增至 344 亿美元。[23] 与之相比，风险投资行业每年平均投资金额大约 300 亿美元。

此外，尽管一开始众筹主要是零售性质的，但市场上出现了更多机构型众筹平台（例如 SeedInvest、CircleUp）。对于从事科学技术开发的初创公司来说，机构型众筹平台可以成为其未来重要的资金来源，特别是如果能够找到一种办法，在深度科学技术所需的更长投资周期内，保持这种筹资活动的活跃度的话。至少，对于深度科学投资来说，这是一个积极的民主化事件。

与 2012 年《创业投资促进法案》（JOBS 法案）相关的新规则，更新和扩大了 A 条例（Regulation A），该条例是对较小规模证券发行人（小型公司）的登记豁免权。更新后的豁免权，在符合资质、披露和报告要求的情况下，使得小型公司在 12 个月内能够发行和出售多达 5,000 万美元的证券。美国 SEC 主席玛丽·乔·怀特（Mary Jo White）指出，对SEC来说，重要的是应继续寻找方法，促进风险投资参与小型公司。[24]

根据2012年JOBS法案第四章的规定，美国增长最快的私有公司可以进行IPO，并从任何投资者那里筹集至多5,000万美元的资金。从历史上看，对国内初创公司和小型企业的投资权利只属于获许投资人（accredited investors）。经过三年的等待，现在每一位公民都可以投资拟IPO的公司。对深度科学创业公司而言，SEC的这个新法规是一股新鲜空气和一项可喜的进步。它可能会进一步推动近年来涌现出的众筹平台。创业者将如何利用新规则，投资人对参与早期公司投资的接受程度，这些还有待观察。尽管如此，让国内的金融市场实现更大的多样性，对于提供必要的基础去支持科学创新、推动经济活力，将大有裨益。

过去四至五年，私有公司股票的二级市场也有所发展。到目前为止，这个二级市场是否仅仅属于少数最受追捧的独角兽，是存在争议的。但是，如果在纳斯达克2015年10月收购SecondMarket之后，这个市场能够得到进一步增长，那么市场上深度科学公司可能会更加受到重视。

由于深度科学价值创造的渐近性，如前所述，一个活跃的、适合深度科学公司的二级私有市场，可以取代小市值公开市场的历史作用。监管将减少，使得这些私人公司可以集中精力创造长期价值。但是，要想取得成功，就必须建立一个拥有众多买家和卖家的有效市场。迄今为止，我们还没有看到这种转变。

在深度科学投资上，我们注意到的一个变化是民主化的降低。但我们认为，这是对深度科学投资中价值创造本质的一种逻辑反应。规模足够大的基金，在公司创立阶段就完成了非常大额的早期轮融资。例如，旗舰创投（Flagship Ventures）投资的现代治疗（Moderna Therapeutics）的第一轮有效融资筹集了6亿多美元，而获得ARCH资本投资的朱诺治疗（Juno Therapeutics）在一年内的两轮风险融资中筹集了3亿美元。[25]此外，增强现实公司MagicLeap完成了5亿多美元的早期融资。

在公司发展初期的这些大规模融资，是对深度科学价值积累渐近性的一种回应。融资风险已被消除多年，投资人不必担心后续每次融资后如何对价值创造进行确认。此外，由于融到了大量资金，这些公司可以很快进入独角兽之地——使其超过 10 亿美元估值的一个机会，在那里，公开市场比小市值市场更有效地运作。朱诺治疗利用其早期的大规模融资，以几十亿美元的估值进入公开市场，买卖双方的市场仍在有效运作。现在，有了持续多年的资金，公司可以专注于执行和临床试验。

不幸的是，只有少数基金和参与者的资金量足够大，能够参与这类深度科学的投资。此外，所有的资金将投给更少的创意，这意味着创意的多样性将减少。我们不认为这是刺激深度科学创新的一个非常民主化或有效的方法，但对于那些有能力投资大量资本的人来说，这是对当前市场困难的一种回应。

正如前述例子所表明的那样，解决办法正在出现，尽管还没有制定出足够的办法来改变目前的深度科学投资流程。然而，我们对潮流正在发生的变化感到乐观。谷歌、Facebook 和其他软件公司开始把注意力转向深度科学领域。那些逃离了深度科学的投资人似乎正在慢慢地回归这个领域。今天，美国和世界各地日益认识到，需要采取新的办法来推动深度科学有关的创新。越来越多的团体和联盟正在形成，以加速在能源、交通、机器学习和空间探索等领域的创新。2015 年底，比尔 · 盖茨和包括亚马逊创始人杰夫 · 贝佐斯、维珍集团（Virgin Group）创始人理查德 · 布兰森（Richard Branson）、阿里巴巴集团执行董事长马云和 Facebook 创始人马克 · 扎克伯格（Mark Zuckerberg）在内的一批科技亿万富翁与加州大学一起宣布成立“突破性能源联盟”（Breakthrough Energy Coalition），并发起了一项名为“创新任务”的倡议。

突破性能源联盟所依赖的原则，是技术将解决我们的全球能源问题。它旨在建立政府、研究机构和投资人之间的一种公私伙伴关系。联盟指出：“现有的基础研究、清洁能源投资、监管框架和补贴制度未能充分调动对未来真正变革性能源解决方案的投资。”[26]他们的目标是广泛投资于清洁技术，包括发电和储能、运输、工业用途、农业和能源系统效率。包括美国、印度和中国在内的 20 个国家，承诺在未来五年内将其清洁能源研究投资增加一倍。

未来几年，突破性能源联盟在促进清洁能源技术商业化方面的成效如何，仍有待观察。显然需要创业者来帮助推动其商业化进程，另外无疑将需要更多的投资来推动深度科学创新。 接下来的五年，将为美国深度科学创新指明方向。

如果我们成功地使深度科学投资回到其应有的位置，那未来将是光明的。当然，关于未来的计算平台、新形式的人工智能、新药、保持健康的新方法、新能源解决方案或养活地球的新方法等，并不缺乏新的创意。 科学在不断地迅速发展。 在最后一章中，我们将转向这一潜在的光明未来，希望我们能够让政府资助的研究与发展，作为经济的驱动力，回归其初始位置。

注释

1. Victor W. Hwang and Greg Horowitt, *The Rainforest*: *The Secret to Building the Next Silicon Valley* (Los Altos Hills, CA: Regenwald, 2012).
2. David Weild and Edward Kim, *Why Are IPOs in the ICU*? (Chicago:Grant Thornton, November 28, 2008), www.grantthornton.com/staticfiles/GTCom/files/GT%20Thinking/IPO%20white%20paper/Why%20are%20IPOs%20in%20the%20ICU_11_19.pdf, 3.
3. Ibid., 7.
4. 请参考美国风险投资协会的网站：http://nvca.org.
5. Weild and Kim, *Why Are IPOs in the ICU*?, 4.
6. David Weild, Edward Kim, and Lisa Newport, "Making Stock Markets Work to Support Economic Growth: Implications for Governments, Regulators, Stock Exchanges, Corporate Issuers and Their Investors" (OECD Corporate Governance Working Papers, no. 10, Paris, OECD Publishing, 2013).
7. Ibid.
8. Weild and Kim, *Why Are IPOs in the ICU*?
9. Paul M. Healy, "How Did Regulation Fair Disclosure Affect the U.S.Capital Market? A Review of the Evidence," Harvard Business School,December 6, 2007, www.frbatlanta.org/-/media/Documents/news/conferences/2008/08FMC/08FMChealy.pdf.
10. Laura J. Keller, Dakin Campbell, Alastair Marsh, and Stephen Morris, "An Inside Look at Wall Street's Secret Client List," *Bloomberg*,March 24, 2016, http://www.bloomberg.com/news/articles/2016-03-24/wall-street-s-0-01-an-inside-look-at-citi-s-secret-client-list.
11. Peter Coy, "IPOs Get Bigger But Leave Less for Public Investors," *Bloomberg*, July 24,

2014, www.bloomberg.com/news/articles/2014-07-24/ipos-get-bigger-but-leave-less-for-public-investors.

12. Jason Voss, “The Decline in Stock Listings Is Worse than You Think,” *CFA Institute*: *Enterprising Investor* (blog), September 30, 2013,https://blogs.cfainstitute.org/investor/2013/09/30/the-decline-in-stocklistings-is-worse-than-you-think/.
13. IssueWorks 公司，2013—2014 年，2014 年 7 月 8 日向哈里斯集团展示。
14. Weild, Kim, and Newport, “Making Stock Markets Work to Support Economic Growth.”
15. HatimTyabji and Vijay Sathe, “Venture Capital Firms in America: Their Caste System and Other Secrets,” *Ivey Business Journal*, July/August 2010, http://iveybusinessjournal. com/publication/venture-capital-firms-in-america-their-caste-system-and-other-secrets/.
16. Luke Timmerman, “Who's Still Active Among the Early-Stage Biotech VCs?” *Exome*, July 2, 2012, www.xconomy.com/national/2012/07/02/whos-still-active-among-the-early-stage-biotech-vcs/.
17. Ibid.
18. “Michael Dell and Silver Lake Complete Acquisition of Dell,” *Dell*, October 29, 2013, www.dell.com/learn/us/en/uscorp1/secure/acq-dell-silverlake.
19. Michael J. Mauboussin and Dan Callahan, “A Long Look at Short-Termism: Questioning the Premise,” *Journal of Applied Corporate Finance* 27, no. 3 (Summer 2015): 70 – 82.
20. George Gilder, *The Scandal of Money*: *Why Wall Street Recovers but the Economy Never Does* (Washington, DC: Regnery, 2016).
21. Charles Murray, *By the People*: *Rebuilding Liberty Without Permission* (New York: Crown Forum, 2015).
22. Chance Barnett, “Trends Show Crowdfunding to Surpass VC in 2016,” *Forbes*, June 9, 2015, www. forbes. com/sites/chancebarnett/2015/06/09/ trends-show-crowdfunding-to-surpass-vc-in-2016/.
23. S. H. Salman, “The Global Crowdfunding Industry Raised $34.4Billion in 2015, and Could Surpass VC in 2016,” *DazeInfo*, January 12,2016, https://dazeinfo.com/2016/01/12/crowdfunding-industry-34-4-billion-surpass-vc-2016/.
24. U. S. Securities and Exchange Commission, “SEC Adopts Rules to Facilitate Smaller Companies' Access to Capital,” press release, March 25, 2015, www. sec. gov/news/pressrelease/2015 – 49.html.
25. Matthew Herper, “Why One Cancer Company Has Raised $300Million in 12 Months Without

an IPO," *Forbes*, August 5, 2014, www.forbes.com/sites/matthewherper/2014/08/05/why-this-cancer-fighting-company-has-raised-300-million-in-just-12-months/#2ea5125f69d4.

26. Katherine Tweed, "Bill Gates and Tech Billionaires Launch Clean Energy Coalition," *IEEE Spectrum*, December 3, 2015, http://spectrum.ieee.org/energywise/energy/renewables/bill-gates-and-tech-billionaires-launch-clean-energy-coalition.

第6章 深度科学风险投资

Venture Investing in Science

当我们思考未来时，我们希望是一个进步的未来。

——彼得·蒂尔

回顾深度科学投资的历史，可以发现识别一种新技术的出现是非常重要的，这种新技术将创造全新的市场或产业。历史上，风险投资至少是六个新行业的重要贡献者，参与了这些行业的开创：微处理器、电子游戏、个人计算机、生物技术、电信（发送大量数据的硬件）以及最近互联网赋能的软件与数字行业。

从20世纪60年代到现在，风险投资的绝大多数回报来自于这些领域的开创和发展。创业者与投资人之间的合作，已被证明在促进创新和提升经济活力方面是强有力的。可以说，如果没有风险投资所支持的创业者，20世纪下半叶的大部分创新将不会发生。

技术创新带来新的产品、方法、模型和业务运营方式，创业者与风险资本家合作，将新的技术和产品推向市场。他们是资本主义系统相关动态过程的关键组成部分，随着时间的推移，会促进经济的发展和繁荣。鉴于20世纪下半叶创业者和风险投资令人印象深刻的发展轨迹——今天世界各地很多人试图效仿的一种轨迹——经济学家、企业高管、商业领袖和政策制定者更加赞赏技术创新、创业者以及风险投资在美国经济中的重要性。

“颠覆式创新”是与哈佛大学教授克莱顿·克里斯坦森的作品有关的一个术语，跟其他术语一起，用于描述承担了约瑟夫·熊彼特所强调的角色的那些创新。在持续创新以改进现有产品的同时，颠覆式创新与新的变革性技术相关联——这些技术促进了新的产品、方法、模型和业务运营方式。深度科学的进步是颠覆式创新的基础，这种创新按经典的熊彼得理论模式[㊀]改变了人们生活、工作和娱乐的方式。

深度科学创业机会涌现

风险投资追求“本垒打”型投资回报的游戏模式，短期之内不太可能得到改变，这就是风险投资的特性。风险投资人今天面临的关键问题之一，是未来的本垒打型投资机会在哪里。软件投资一直像一块磁铁一样，吸引着那些寻求本垒打型投资机会的风险资本。虽然风险投资人很可能继续在这个领域寻求投资机会，但越来越多的深度科学创业投资机会，可能不仅能提供本垒打型投资回报，还能成为未来美国经济活力的催化剂。这些投资机会中，很多需要新的技术能力和新的商业模式，因此它们处于皮萨诺理论框架的“颠覆式”“激进式”和“结构式”创新的象限（详见第3章）。

一个巨大的演变进化正在发生，并且与过去四个世纪人们在深度科学和技术创新方面取得的进展不可避免地联系在一起。这种趋势的核心是从“牛顿”机器向“量子”机器的进步（见专栏6-1）。

㊀ 创新固然会创造利润，但是有创新就有破坏，因为创新会破坏现有的经济模式，但破坏之后新的取代旧的，结果更美好，这就是熊彼特著名的“创造性破坏”理论。熊彼特在他的《经济景气循环理论》一书中，描述了创新及创造性破坏和经济景气循环的关联。他认为经济环境之所以发生变化，是由于企业家从事创新的缘故，企业家把创新导入一个原本均衡的经济社会，因创新而获得利润，这会引起其他企业家的效仿，期望能同样获得利润。结果是原来均衡的经济状况被打破，产生脱离均衡的移动，整个经济日趋兴盛，造成繁荣。——译者注。

专栏6－1

深度科学技术的发展

17世纪及18世纪：牛顿——机械机器

19世纪及20世纪：法拉第和麦克斯韦——电气机器

21世纪：量子时代——智能机器

与牛顿及经典力学相关的机械是一种强大的经济催化剂，于工业革命之中萌芽。正如我们今天所知的，风险投资人并没有出现将工业革命期间产生的许多机会进行资本化。尽管如此，这一时期创造了许多财富，并且工业革命对生活水平的提升是深远和持久的。

与工业革命及推动工业革命的机器相关的深度科学没有独立的智能，而是成倍地提升及利用了人类的现有的体能。但是，与法拉第和麦克斯韦有关的深度科学进步产生了机械的下一个进化形态：由电能提供动力的机器。机械的电气化激起了汹涌的熊彼得式“创造性破坏”的浪潮，并为机械的下一次进化奠定了基础，此进化随普朗克及量子力学领域而产生。21世纪新兴的智能机器的核心技术，其根源是深度科学里的量子物理学。

智能机器的时代

与量子科学有关的机器与牛顿时代或法拉第及麦克斯韦时代的机器不同。今天出现的量子机器，不仅增强了人类的物理能力，而且增强了我们的心智能力。提升人类心智能力范围的机器的发展，有可能引发一波创造性破坏浪潮，其影响力将达到或超过第一次工业革命的水平。作为深度科学发明家和未来学家的雷蒙德·库兹韦尔（Raymod Kurzweil）指出，智能机器的时代，将有望改变生产的形态。教育、医学、对残疾人的帮助、研究、知识的获取和分配、沟通、财富创造以及政府行为等都可能受到影响。[1]

库兹韦尔说，智能机器的潜力巨大，已经开始解决人类几个世纪以来一直苦苦挣扎的一些问题，包括与失明、耳聋和脊髓损伤等相关的人体感官和身体限制，以及对包括遗传疾病在内广泛疾病进行有效治疗的创新生物工程技术。库兹韦尔预计，随着智能机器时代的发展，过去一个世纪惊人的600%真实人均财富增长，在21世纪将会持续。

通过调查深度科学进步相关的新兴技术格局，人们不禁跟库兹韦尔一样会想，我们已经进入了一个与第一次工业革命同等或更大的经济转型时期。现在，人们经常听到诸如“机器学习”、“自动驾驶汽车”、“无人驾驶飞机”、“工业互联网”和“3D打印”等术语。机器学习是使智能机器（即计算机）不按照明确编写的程序行动的科学。在过去十年中，机器学习催生了自动驾驶汽车、实用的语音识别，以及极大地提高了对人类基因组的理解。

深度科学研究人员认为，机器学习是朝着人类级别人工智能（AI）方向的发展进步。今天人工智能实践者的中庸观点认为，我们仍然需要几十年才能实现人类级别的人工智能。但库兹韦尔更为乐观，他相信这项技术将在2029年实现。

当一个人听到“人工智能”和“智能机器”这些术语时，不禁会想到机器人技术，这项技术长期以来是科幻小说的魅力所在。随着21世纪的发展，以机器人形态出现的智能机器正在加速崛起。就像在深度科学的牛顿革命浪潮时期，经济格局中机器得到普及一样，第一代工业机器人在劳动力昂贵、容错性低的生产线上做着相对简单、重复的工作。这种机器为汽车生产设施和半导体制造厂带来了制造精度。

新一代的机器人，具有日益增长的智能，有可能从根本上改变工业自动化的本质。正如精明的全球经济战略家及投资人路易斯－文森特·嘉夫（Louis-Vincent Gave）所言，目前可以通过编程，让机器人来承担以前只能由体力劳动完成的复杂任务。然后，这些相同的智能机器可以被重新编程，来执行不同的任务。[2]

嘉夫说，就像通用汽车公司在20世纪50年代购买洛杉矶、圣地亚哥和巴尔迪莫的电车公司，亚马逊2012年在Kiva系统公司（一家供应链机器人制造商）上花了7.75亿美元。与此同时，富士康在中国正在试验机器人生产线。嘉夫认为，像亚马逊和富士康这样的公司大规模地使用机器人和机器人生产，很快将从根本上改变它们所在行业的整体竞争态势。同时，谷歌在2013年收购波士顿动力（Boston Dynamics），使该公司成为美国最著名的机器人集团之一。谷歌的母公司Alphabet的董事长埃里克·施密特（Eric Schmidt）指出，人工智能和先进自动化使人们的生产力更强，也变得更聪明。[3]

量子科学是一些变革性深层科学技术——如机器人技术和先进自动化——的基础，其中最主要的是新型计算技术，包括量子计算——这是20世纪量子力学发展的直接副产品。

处在智能机器、人工智能和先进自动化发展前沿的，是计算技术。在过去的一个世纪里，在深度科学的进步中，没有哪个领域产生的经济影响能与计算领域相提并论。自1900年以来，量子物理学的发展从根本上改变了经济形式，其方式与引发工业革命的牛顿发现科学一样深刻。这种改变，是通过与计算技术相关的发明和创新来完成的。

正如我们所指出的，硅谷和风险投资在量子革命中发挥了突出的作用。硅谷最近举办了庆祝摩尔定律发现50周年的活动，这个定律与英特尔创始人戈登·摩尔有关，即认为每18～24个月，计算机芯片会实现运算能力翻倍、价格减半。与摩尔定律相关的是一个强大的指数趋势，让那些倾向于线性趋势的分析师和企业高管们持续感到震惊。与量子技术相关的指数增长，是创新的强大催化剂。分析师估计，由微处理器和摩尔定律所赋能的所有公司的市场价值，大约为13万亿美元，相当于美国经济——世界上最大的经济体——目前年度产出的75%。

自1971年以来，微处理器的渗透情况及对经济影响令人难以置信。微处理器开创了一个集成电子学的新时代，一直延续到21世纪。微处理器嵌入到大量的产品中，包括计算机、电子设备、汽车、火车、飞机、厨房电器等。由于微处理器和摩尔定律，人们拥有了被称为“智能手机”的手持电脑，它甚至比20世纪60年代制造的最大的电脑更强大。没有微处理器及量子技术相关的创新，就不会有笔记本电脑，也不会有足够强大的计算机来绘制基因组或设计现代医学药物。流媒体视频、社交媒体、互联网搜索、云计算——如果没有发明微处理器或摩尔定律，所有这些应用都不可能达到如今的规模。

今天，几乎所有的硅谷公司的存在，都归功于深度科学微处理器和摩尔定律。通过微处理器，我们见证了深度科学变革技术的代表作。正如前英特尔公司的高管费德里科 · 法金（Federico Faggin）所言："微处理器是人类所创造的最强大的技术之一。"[4]

未来的深度科学创新

随着量子物理学越来越深入到计算技术，以及计算机变得更加智能，我们看到了一系列变革性科学创新的潜力，它们有能力点燃和推动经济增长，促进未来经济活力。在未来几年，在风险投资人的协助下，有大量的变革性技术会得到开发和商业化。专栏6－2提供了部分深度科学创业投资机会的清单，这一清单只会不断扩展。

专栏6－2

深度科学创业投资机会

- 量子计算机
- 神经计算机
- DNA 计算机
- 机器人学
- 人工智能/机器学习
- 电动车
- 氢燃料电池
- 碳纳米管存储设备和晶体管
- 纳米太阳能电池
- 下一代纳米材料电池和储能
- 纳米材料水过滤和海水淡化

- 增材制造/3D 打印
- 物联网
- 纳米治疗法
- 精准医疗

专栏6－2中所列出的机会，已经吸引了一些风险投资人和拥有风险投资部门的企业的兴趣。D-Wave系统是一家新兴的深度科学公司，是量子计算的先驱者。该公司多年来获得到很多风险投资人的支持，但鉴于其技术的特性，很多风险投资机构现在也没有把它纳入自己的考虑范围。这需要独特的风险投资人——具有深度科学领域的多学科背景——来钻研量子计算的世界，并了解这种新兴计算技术在市场中的潜力。量子计算处于皮萨诺的风险投资框架中的“激进式”象限，因为它需要新的技术技能，同时利用现有的商业模式。其他新兴的计算技术也是如此，比如神经计算和DNA计算。

与此同时，当今的深度科学风险投资人对先进的纳米材料有相当的兴趣，因为其颠覆性创新的潜力，甚至可能是“结构式”或“激进式”的创新。在过去15年，风险投资基金支持了大量碳纳米管（CNT）项目的商业化。Nantero公司是一家新兴的深度科学公司——利用碳纳米管，为计算机和其他应用开发内存设备。该公司多年来获得了多家风险投资机构的投资，但目前硅谷对这家公司的兴趣似乎有限。然而，Nantero继续吸引来自国内和国际上的其他风险投资人的兴趣，并正在继续推动其专利NRAM（非易失性随机存取存储器）技术在不远的未来实现商业化。

此外，近期的石墨烯和2D先进纳米材料的发现，引发了大量的科学研究和专利申请活动。这些材料具有强大的性能，包括导电和导热性、强度（比如单片石墨烯比钢强100倍）和透明性。石墨烯和其他2D纳米材料的独特性质使之具有吸引力，可用于很多行业的创新商业应用，包括能源、电子、健康、运输和供水。尽管如此，对于那些寻求将石墨烯和2D纳米材料产品商业化的公司，目前风险投资人的兴趣还是非常小。这种材料的投资环境未来是否会发生变化，仍有待观察。正如Nantero案例研究（见附录2）所示，先进材料的商业化需要许多年，超出风险投资机构典型的普通合伙人/有限合伙人（GP/LP）架构所约定的投资时间周期。

生物学+、基因组学2.0及精准药物

在调查深度科学投资环境时，经济中的另一个重要进展吸引了风险投资人和那些寻求创新的企业的注意力。这一趋势与现今计算技术在医药和医疗卫生领域的广泛使用有关，这种趋势的起源是世纪之交的人类基因组图谱，并衍生出所谓的生物学+、基因组学2.0及精准药物。正如普林斯顿大学的科学家弗里曼·戴森（Freeman Dyson）所指出的："20世纪是物理学的世纪，21世纪将是生物学的世纪。"[5]

生物学+和基因组学2.0的出现，使得开创全新的应用成为可能性，这些应用非常适合通过风险资本家来实现商业化。例如，生物学+工程学产生微流控技术，能够实现低成本的实时医疗诊断。这种技术可以在病人看病期间进行实时诊断，能更快地做出正确的治疗方案，从而改善患者的体验，提高医疗的效率，降低成本，并实施更快的治疗来挽救生命。生物学+材料科学可以将3D打印的替代组织和器官应用于外科手术或药物开发。在推动生物学+技术的学习曲线方面，已经取得了很大的进展，为其发展进入应用和商业化阶段铺平了道路。

在基因组学2.0相关的创新方面，令人兴奋的前沿代表是代谢组学和微生物组。代谢组学是用于评价健康状况的一种功能强大的综合型分型技术。今天的科学家正在建立专有的平台和信息系统，以促进生物标记的发现、新型的诊断测试、精准医疗的突破以及在基于基因组学的医疗健康倡议中强有力的伙伴关系。

代谢组学是一种有潜力的诊断方法，可以显著强化对一些改变个人命运的疾病的检测，比如糖尿病及各种癌症。

我们对人类微生物组的理解，也得到了巨大的发展。利用有益细菌治疗胃肠道问题的药物正在开发。益生元和益生菌正在经历一个复兴时期。事实表明，可能由人类与体内的微生物相互作用所造成的疾病，其数量远超我们过去所

知。我们的身体——以及我们吃下去的动物和植物——不仅仅由我们自己的细胞和我们自己的 DNA 构成，每个身体还都是自己的细菌和其他微生物的生态系统，所有的生物都相互依存。在这一领域的工作表明，我们的微生物组的健康对我们自身的健康有着重要的影响。

在医疗健康和生命科学市场中，正在开发的新工具，使得我们在体外而不是在体内做更多的事情。例如，作为 3D 打印的延伸，我们将开始看到 3D 生物学，其中包括在计算机芯片上打印器官组织。此外，更多的药物正在转向硅材料。如果我们能更好地在芯片上复制心脏，那就可以在这些芯片上进行更多的毒性和药效研究。我们正将一些分析从实验室的动物研究转移到对芯片进行分析，这目前还处于非常早期的阶段。

这项研究，自然会导致在硅材料方面研究设计的增加，这种设计使用先进的计算技术和机器学习，用计算机来进行医疗科学和研究活动，而不是用试管或动物。例如，大数据将进入其他生命科学应用领域，如诊断、药物发现以及最有效的治疗方案的选择。我们已经看到无人驾驶汽车领域机器学习的进展。同样，我们将会越来越多地看到大数据和算法学习进入生命科学应用领域。

细胞治疗技术——将细胞材料注入病人完整的活细胞中——将继续取得进展。最近的一个例子，是通过细胞免疫注射抗癌 T 细胞，属于一个被称为免疫疗法的领域。在未来的几年，我们很可能看到细胞分化的新材料，用于验证和表征细胞治疗的新式分析工具，以及用于高性价比细胞生产的新制造方法，所有这些将使细胞治疗成为疾病管理的一个非常可行的新工具。

对于生物学和医药科学中所有使用新的基因组信息和方法作为研究基础的领域，我们都将基因组学 2.0 视为其特征。但基因组 2.0 标志着对前基因组时代的基因中心主义和遗传还原论的突破，其特征是关注分子生物学，而放弃生物化学和其他表型分析。这个新的基因组学 2.0 时代的标志，是聚焦于阐明环境暴露学在塑造基因行为的过程和结果中的作用。这种环境可能是细胞——即基因的环境，或可能扩展到器官或身体的环境。

基因组学 2.0 重视复杂性、不确定性和基因—环境交互作用。不像遗传学揭示了一个深刻、内在、因果的事实，基因组学 2.0 开始概念化复杂的、中继的、动态的基因—基因交互、基因—环境暴露交互以及高度个性化的基因表达和管控，这些共同产生生物形态。基因组学2.0的特点是一个新兴的科学共识——即环境暴露学的重要性，并广泛致力于阐明基因的行为和表达是如何通过特定的环境背景形成的。

基因组学2.0的目标包括研究基因型、表现型、蛋白质组学（包括结构、表达和相互作用）与系统生物学（整合序列、蛋白质组学、结构及正常和病理生物学模型中的功能基因组学；详见专栏6-3）之间的关系。

专栏6-3

基因组学2.0的兴起

基因外DNA被认为是基因组的暗物质。只有大约1%的DNA用于蛋白质编码。然而，其余的基因组负责转录，并被认为涉及复杂的监管，我们还不了解详情。

表观遗传学是研究在不改变基因序列的情况下，导致基因功能的可遗传或持续变化的分子机制。

蛋白质组学是蛋白质的大规模研究，特别是蛋白质的结构和功能。蛋白质是生物体的重要组成部分，因为它们是细胞生理代谢途径的主要组成部分。蛋白质组是由一个有机体或系统产生或修改的一整套蛋白质。它随着时间或不同的要求或细胞、有机体经历的应激而变化。

环境暴露学是基因组的补充。虽然基因组产生了血液中一组被编程的分子，但环境暴露学关注遗传控制之外的补充化合物。

代谢组学是对特定细胞过程留下的独特化学指纹的系统研究。这些化学指纹或代谢物，其来源可以是细胞内源的，也可以是进入细胞环境的。代谢组学是环境中基因相互作用的一种生化概念。

关于微生物组，重要的不是组成微生物组的微生物菌株，而是它们的基因资源，以及这些因素如何改变蛋白质的功能。

智能机器的崛起和精准医药的发展是两个深度科学驱动的趋势，值得今天风险投资人的关注。第三个可能会深刻改变经济形态的重要发展趋势，在我们看来，是原子与比特的融合。

原子与比特的融合

目前正在进行的所有创新科学研究和商业化活动中，还有另一个正在出现的技术趋势，其中蕴藏着提升经济活力的种子。这种趋势与3D打印技术或增材制造的发展有关。3D打印技术的基础，就是原子和比特的融合。增材制造将先进的纳米材料和软件技术结合在一起，形成了强大的组合，以迄今不可想象和不经济的方式，极大地给技术创新赋能。

今天3D打印的格局，让人想起20世纪70年代中期的个人电脑市场。当时，一些激情的年轻创新者，拥有深度科学背景，如苹果公司的史蒂夫·乔布斯和史蒂夫·沃兹尼亚克。对于声名显赫的计算机制造商来说，个人电脑看起来更像是小孩子的玩具，而不是一个商业和生产力工具。有些人可能还记得DEC总裁、董事长兼创始人肯尼斯·奥尔森1977年说过的话："任何个人都没有理由在他的家里放一台电脑。"[6]

3D打印和增材制造正处于其发展的早期阶段。正如克里斯·安德森在他的书《创客：新工业革命》（*Maker: The New Industrial Revolution*）中所指出的，过去20年的历史是创新和创业发生惊人爆炸的发展史。安德森说，现在是将这些应用到现实世界并创造更大成果的时候了。3D打印的出现，开创了一个创新和创业的新时代，有可能改变技术和风险投资领域的格局，使软件一直"吞噬世界"的现状消失。与增材制造相关的专利申请正在上升，并正在走出一条熟悉的、与变革性技术相关的指数增长曲线（见图6-1）。

有了3D打印，就可以设想一次类似于寒武纪大爆发的创新设计和创新产品的爆炸性发展，好比18世纪各种类型机械设备的扩散普及从根本上改变了经济格局。[7]在即将到来的3D打印时代，客户能够从无限的形状、大小和颜色组合中选择产品。第一次工业革命是关于大规模生产的，增材制造使大规模定制成为可能。总之，原子和比特在增材制造上的融合，正走向一个转折点，之后将成为主流，并对我们的生活、工作和娱乐方式产生重大影响。

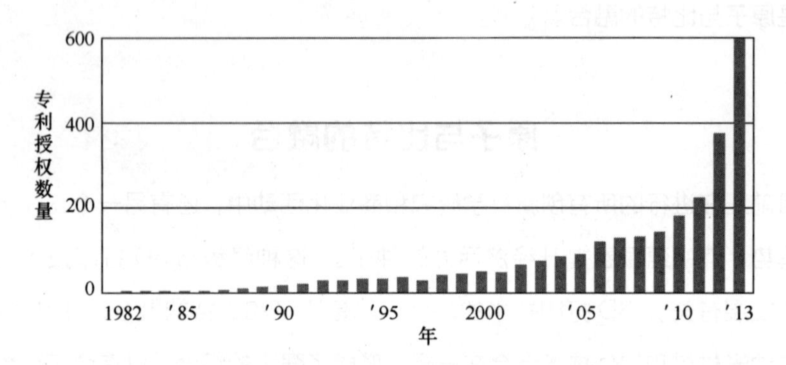

图 6-1　1982—2013 年，全世界授权的增材制造专利

资料来源：理查德·达韦尼（Richard D'Aveni）。

未来的深度科学进步是什么，这些科学进步将会产生什么技术，这些都有待观察。大量变革性的技术创新已经在进行中——当然足以在未来几年抓住最有经验的科学风险投资人的注意力。我们从哪里去向何方，每个人都有自己的猜测。

虽然近年来，软件领域的投资一直吸引着风险投资人的关注，但上述讨论表明，有一系列新兴的深度科学成果，如果被风险投资转化为回报，将会产生更大的影响力。这些机会的背后，是与深度科学的发展及技术变革有关的一些主要趋势，这些趋势有力地推动着创新和促进经济活力。向智能机器和高级计算形式的发展正在进行中，吸引更多的风险资本家进入深度科学风险投资领域，可以加速其势头。

另外两个主要的趋势也是如此：精准医疗健康和增材制造。显然，软件领域将继续在这三种趋势中发挥不可或缺的作用，社交媒体也可能会发挥重要作用。在皮萨诺理论框架的各个象限中，变革性创新带来了惊喜，因此从信息理论角度具有较高的熵。变革性深度科学创新令人惊喜的或高熵的特性，是经济活力的催化剂。

伴随着量子力学的发展，开始于 20 世纪初的科学革命尚未完成。量子计算的时代已经出现曙光，如 D-Wave 案例研究（见附录 1）所清晰呈现，但目前还只是处于很早的发展阶段。 同样，纳米材料的时代也还处于发展的早期阶段。在量子技术的发展中，硅发挥了令人钦佩的作用，但科学家们质疑它在今天微处理器的七纳米水平以下的可规模化能力。 对于在计算和电子中的应用而言，碳纳米材料——无论是碳纳米管还是石墨烯——具有比硅更优异的性能，更不要说在能源、运输和供水领域的应用了。 Nantero 案例研究（见附录 2）展示了，要将创新的碳纳米管存储设备（如 NRAM）进行商业化，需要艰苦的工作、不懈努力、时间和资本。 硅谷很可能在适当的时候被转变为“碳谷”，并迎来一波创新和经济活力的浪潮，与过去 60 多年所发生的事情旗鼓相当，甚至有过之而无不及。

我们今天所面临的问题，并不是缺乏变革性的深度科学创业投资的机会，而是深度科学相关的技术如何在未来数月及数年中获得投资及商业化。 正如我们所指出的，近年来软件一直在“吞噬世界”，风险资本越来越多地迁移、离开那些将深度科学变革性技术进行商业化的公司。 下一章，围绕着在深度科学的变革性技术方面领先的公司，我们对其融资的问题进行讨论，并提出一些解决办法以刺激这种投资活动，去实现其增加美国和全世界经济活力的长期目标。

注释

1. Raymond Kurzweil, *The Age of Intelligent Machines* (Cambridge, MA:MIT Press, 1990), 8.
2. Louis - Vincent Gave, “Viva La Robolution?,” GK Research, October 24, 2013.
3. Sam Shead, “Eric Schmidt: Advances in AI Will Make Every Human Better,” *Tech Insider* (blog), March 8, 2016, http://www.businessinsider.com/eric-schmidt- advances- in-ai-will-make-every-human-better-2016-3.
4. Michael S. Malone, *The Microprocessor*: *A Biography* (New York:Springer-Verlag, 1995), 251.
5. Freeman Dyson, “Our Biotech Future,” *New York Review of Books*,July 19, 2007, http://www.nybooks.com/articles/2007/07/19/our-biotech-future/.
6. 这一声明是在 1977 年波士顿举行的“世界未来协会”会议上发表的。 但是，上下文请参见网站 Snopes.com, *Fact Check*: *Home Computing*, “Did Digital founder Ken Olsen saythere was ‘no reason for any individual to have a computer in his home?’ ” at http://www.snopes.com/quotes/kenolsen.asp.
7. Chris Anderson, *Makers*: *The New Industrial Revolution* (New York:Crown Business, 2012), 15.

第7章 我们未来的选择

Venture Investing in Science

根据媒体头条发布的信息，自互联网泡沫破裂以来，经过多年的衰退，风险投资正在吸引数以亿美元计的新资本。 如今，Facebook、Twitter 和优步等企业的成功，促进了硅谷投资活动的复苏，也推动了风险投资的复苏。 过去十年来，软件投资的增长正在改变风险投资的格局，带来了重要的经济影响。

硅谷风险投资活动步伐的加快，令观察人士怀疑这一过程是否在引发另一场互联网泡沫的破裂。 但自 2000 年以来，美国资本市场的变化很明显，再次出现这种泡沫破裂事件是不太可能的。 我们首先关注的不是另一次崩溃的可能性，而是风险资本向软件领域投资集中。 软件投资的吸引力，正在从变革性深度科学技术领域以及对它们进行商业化的创业公司身上抽取资本。

作为一个时代的标志，2016 年前八个月，与深度科学相关的 IPO 活动在美国出现停滞。 在此期间，只有一家获得风险投资支持的公司完成了 IPO。[1]我们认为，这种可悲的事态是我们在前几章中所讨论过的所有事情的结果。 在评论当前的环境时，乔治 · 吉尔德指出，华尔街大型投资银行的视野太短，无法促进创业财富和创业成长。 吉尔德说，这些机构“今天的繁荣是通过为政府而不是为创业者提供服务所获得的。 政府政策现在支持大投资银行的短期套利和快速交易，而不是促进就业增长的长期承诺，这导致了掠夺性的零和经济，破坏就业并耗尽中产阶级的收入。”[2]

虽然大型投资银行一般都会迎合政府，但华尔街的行为却违背了从促进深度科学研发中获得回报的期望。 实际上，21世纪迄今为止，美国政府已将数以亿美元计的资金用于纳米技术相关的研发。一直以来，风险投资人在资助创业者寻求将革新性的纳米技术进行商业化。在此角色中，我们受到了美国政府不同部门官员的询问：为什么在过去 15 年里，超过 200 亿美元与美国国家纳米技术计划（National Nanotechnology Initiative，NNI）相关的研发投资没有获得更大的回报。

简单来说，NNI 是美国政府制定的纳米技术发展计划，很多政府机构参与其中，包括美国国家卫生研究院（the National Institutes of Health）、美国国家科学基金会（the National Science Foundation）、美国能源部（the Department of Energy）、美国国防部以及美国国家标准与技术协会（the Department of Defense, and the National Institute of Standards and Technology）。该计划自 21 世纪初设立以来，得到了两党的支持。NNI 的使命是推进世界一流纳米技术的研发，促进将新的纳米技术转化为满足商业和公共利益的产品，发展一个由有知识、高技能的工人及工具形成的支持基础设施来推动纳米技术，并支持纳米技术负责任的发展。

NNI 计划的意图是雄心勃勃和令人钦佩的，但正如本书所强调的，该计划是在政府对深度科学研发的资助与深度科学研发的回报之间的联系受到严重削弱的期间设立和发展起来的，这种削弱来自于风险资本多样性的崩溃（见第 4 章）和美国资本市场结构性的变化（在第 5 章中讨论）。缺乏对深度科学的风险投资和资本市场的结构性变化，已经严重影响了 NNI 的一个主要目标：促进将新的纳米技术转化为满足商业和公共利益的产品。21 世纪美国（纳税人）在纳米技术研发上数以亿美元计的投入，被这些因素抑制了有意义的产出潜力。

正如我们在本书中所讨论，如果存在一些系统来获取研发的回报，就可以大大提高政府在研发上投资的有效性。在我们看来，在一个风险投资对深度科学投资更为关注，以及美国资本市场被打造成对微型和小型公司可获取的资本更加友好的环境中，NNI 促进变革性纳米技术商业化的使命可以获得更大成功。如在第 5 章所讨论，这些因素可能有不可分割的联系，意味着前者可能会刺激后者，并为深度科学投资和未来的生产力提供一个积极的反馈循环。

我们正处于美国风险投资的关键时刻。与数字技术所创造的新市场和新行业相关的令人惊奇的经济成功，催生了对软件和社交媒体的第二波风险投资浪潮。这一波浪潮导致了硅谷及风险资本的复苏，但同时也降低了其多样性，使得资源从深度科学投资机会中流失。

从历史来看，风险资本在研发回报中承担了一个重要的角色。尽管研发仍然在继续，并随着时间的推移与美国经济一起发展，但投入所产生的回报并不像第二次世界大战结束到2000年这段时期那么强劲。这种趋势对美国的创新和经济繁荣带来了不利的影响。

深度科学研发和技术开发一直是支撑经济活力的发明及创新的主要来源。本书使用了“经济活力”（economic dynamism）一词来代表经济中推动就业、收入、产出、生产力和财富创造增长的基本力量。“商业活力”（business dynamism）是本书中使用的另一个术语，是机构不断诞生、失败、扩张和收缩的过程，其中创造了工作机会，也有一些被摧毁以及被革新。变革性的科学技术有助于促进经济增长及提高生活水平，达到第二次世界大战结束至21世纪初以来的新高度。抑制这种创新是对创造就业、收入和财富以及提高生活水平的经济活力的抑制和破坏。

创造性破坏

在过去的400年中，深度科学的进步激发了变革性的技术。牛顿科学革命和随之而来的创新，在经济史上独一无二——并以深刻和通常意想不到的方式戏剧性地改变了技术和商业的格局。

科学和技术知识对美国生活水平至关重要的观念载于《宪法》，它明确赋予国会给发明者授予专利，从而拥有“促进科学和实用技术进步”的权力。现在世界各地的政府官员都承认，科学知识是长期经济活力的一个关键因素。我们看到了牛顿革命如何激发出一个机器的新时代，从中诞生了工业革命。经典物理学的发展是革命性的，改变了我们对宇宙的看法，激发了新的技术发明和商业运营的方式。17世纪深度科学的进步释放了一种前所未有的经济动力。新的科学技术的扩散导致了在工业上的革命，深刻地改变了经济格局，包括新企业、就业、产品和相关服务等各种形式，而这些又从根本上改变了人们工作、生活和娱乐的方式。

几十年来产生的许多技术，在今天都被视为是理所当然的。牛顿机械和麦克斯韦电力已深深地融入了我们现代经济结构之中，许多人几乎没有注意到它们。这是深度科学技术的变革力量，它们常常隐入到背后，并被人们认为是理所当然的。最近来看，纳米技术就是如此。人们只能想象，在 14 或 15 世纪，普通老百姓在发现一个人只需轻轻按动开关，就可以照亮一间大房子或启动一台电力工业机械时的惊讶之情。

正如经济学家斯科特·格兰尼斯（Scott Grannis）在一篇博客文章中指出的，今天一位美国亿万富翁的日常生活与他的中产阶级邻居的生活没有多大不同。[3]他们都可以很方便地获得很好的食物、干净的住所、廉价的旅行、廉价的娱乐、优质的医疗服务以及与世界上任何地方的任何人之间的即时通信。格兰尼斯说，由于美国经济能够如此丰富、如此高效地生产，几乎每个人都可以获得现代生活的成果（例如 iPhone、空中旅行、清洁水）。今天，我们在参观几个世纪之前的古老城堡和建筑物的时候，时代的流逝会让对比变得更为明显。一群仆人为最富有的土地所有者提供的标准生活水平，将被认为低于今天的贫困水平，没有电灯、没有冰箱、没有空调、没有电视。

仅仅半个世纪前，一位具有企业家精神的雄心勃勃的科学家戈登·摩尔发现，硅芯片上的晶体管数量每一两年可以增加一倍，从而为新兴的数字计算技术提供强大的推动力。在今天的地球上，消费者、企业和政府在使用数以亿计由摩尔定律驱动的计算设备。今天，按一个小时工作的平均工资成本计，现在一位典型的消费者可以购买大约一万亿倍于戈登·摩尔写他那篇著名文章时的计算能力。[4]在过去的 50 年中，摩尔定律对全球生活水平产生了巨大的影响，在促进经济活力方面几乎没有对手。

在过去的一个世纪里，由科学进步推动的技术变革加速了。科学的量子革命正在开创一个智能机器时代：有希望改变世界经济的强大计算机和设备。当前许多国家的优先事项——农业、水、能源、卫生、通信和运输——可以通过科学创新来解决。

深度科学是革命性的：牛顿力学、麦克斯韦电磁学理论、爱因斯坦的狭义相对论和广义相对论、量子力学、信息论、分子生物学的中心法则以及复杂性科学。 深度科学从根本上改变了我们看待自然和宇宙的方式，它激发了新的研究和调查方法，促进了新的发明和创新。 有些巨大变革在经济学文献中被称为“通用技术”，科学派生的通用技术包括蒸汽机、铁路系统、电力、微处理器以及互联网。

多年来，通用技术通过经济释放了一种强大的经济动力。 经济学家将这种动力过程称为“创造性破坏”，这是经济学家约瑟夫·熊彼特首次使用的一个术语。 通常，深度科学进步及其技术创新是令人担心的，因为它们可能会破坏商业、工作和生活的正常运作。 我们看到，这种恐惧体现在今天关于人工智能的讨论以及它对未来就业和社会的影响之中。

这种担心，虽然可以理解，但我们却没有意识到科学技术在促进经济活力和通过提高生活水平促进繁荣方面所发挥的重要作用。 在 20 世纪，美国掀起了一股科学驱动的技术创新浪潮。 在此期间，美国就业人数从不到 2,500 万人增加到超过 1.25 亿人，增长了四倍多（见图 7－1）。

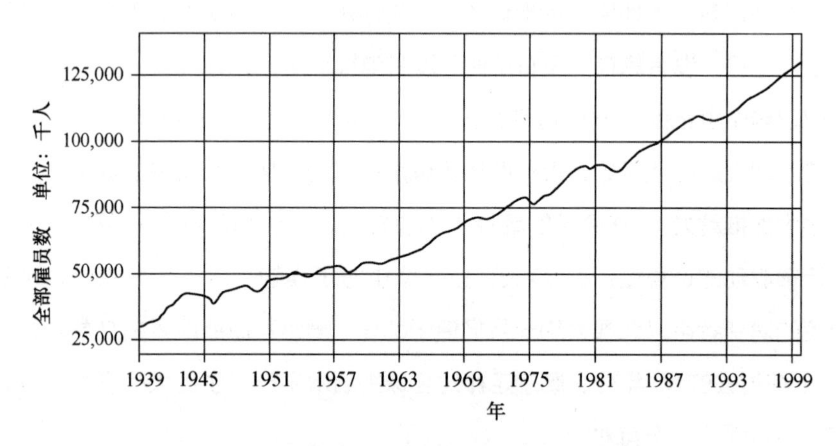

图 7－1　美国非农业就业人口（1939－1999 年）

资料来源：美国劳工统计局。

20 世纪美国就业的显著增长伴随着巨大的技术创新。 虽然这一成就令人印象深刻，但鉴于经济活力和科学创新之间的联系，结果并不令人惊讶。 事实上，这种明显的就业增长是一个由深度科学进步驱动经济的过程。与深度科学成就相联系的活力，促进了经济的繁荣。

这些科学进步对整体就业人数做出了贡献，也创造了不同种类的工作。我们所做事情的性质，以及就业结构的变化，反映了深度科学所带来的技术变革的性质。这种现象在20世纪美国经济的发展中是显而易见的。经济学家W. 迈克尔·考克斯（W. Michael Cox）指出，劳动力市场处于一个他称为“搅动”的永恒状态，这是一个来自于水的动态漩涡和涡流方式的隐喻，都是同样无法阻挡的力量的结果。[5]“裁员”只关注经济变革的令人不安的一面，但搅动的形象抓住了整个过程：好的与坏的、公司创造的工作以及它们消灭的工作。

考克斯指出，搅动并不是一个新现象。纵观历史，每一代的工作都会让位给下一代。几千年来，随着技术的进步，工作的性质发生了变化。虽然农业是1900年美国就业的主要方向，但今天的劳动力市场包括当时并不存在的一系列不同工作。在20世纪的早期，工作机会集中在从事金属、炼油、肉类加工和基础机械的公司。虽然这些领域是当时的技术领导者，但在21世纪，工作机会转向了消费品、技术、零售、金融和服务领域。

考克斯指出，搅动不仅仅创造更多的工作，而且创造更好的工作机会。考克斯说，随着美国经济的发展，尽管偶尔会出现解聘的情况，但劳动力市场的再循环倾向于让工人受益。总的来说，薪水变得越来越高，工作时间变得越来越短。辛劳农场和血汗工厂已让位给了舒适的空调办公室。这种搅动反映了技术的演变，并受到以更好方式为消费者服务的理念所推动，以满足消费者随着时间推移及生活水平变化而产生的需求。在深度科学的推动下，技术本质的变化，通过经济成为搅动劳动力市场的强大推动力。

事实上，就业市场的搅动对促进增加就业、收入、财富和生产力等经济进程至关重要。因此，劳动力市场的灵活性很重要。在过去半个世纪中，硅谷的成功与加利福尼亚州劳动力市场的灵活性有关，这里允许资源流入到生产力更高的领域。2015年，加利福尼亚州实现了创纪录的就业水平，州历史上第一次非农业就业人口超过1,600万人，其中部分原因是技术工作岗位的激增。

技术进化的复杂动态在经济系统中产生反响，需要通过几年的时间——不是几个月或几个季度。随着技术的进步，创造新工作机会的企业也在进步。如果没有劳动力市场的活力，企业将随着时间的推移而停滞，整体经济也会停滞不前。与技术变革相关的自然波动不断地从内部对经济结构进行变革——在创造中，新的取代旧的。

美国20世纪的经济表明，熊彼特提出的科学创新的创造性破坏不是一个零和游戏。通过新企业的增长，深度科学技术大大增加了就业机会。没错，就业市场是有搅动，但这种搅动促进了资源的重新分配，并创造更多的就业、收入和财富，以及更高的生活水平。与科学进步和技术变革相关的创造性破坏产生了数以万亿美元计的收入和财富。重要的是，在20世纪，美国的真实人均国内生产总值增长了六倍，从1900年的约6,000美元增加到1999年的43,000多美元。

在《创造性破坏》（*Creative Destruction*）一书中，理查德·福斯特（Richard Foster）和萨拉·卡普兰（Sarah Kaplan）指出，所有机构都受益于令劳动力市场产生搅动的令人耳目一新的过程，并随着时间的推移改善生活水平。[6]未能提供持续变化的途径——创建新的方式并消除旧的流程系统——最终将导致组织失败。福斯特和卡普兰指出，如果创造性破坏的力量长期受到压制，破坏将会以惊人的速度摧毁机构和个人，就像我们从政治和军事革命中学到的。

福斯特和卡普兰指出，合法资本市场的好处，既可以协调数百万人的愿望和能力，还可以为变革设定一个适当速度及规模的进程。没有一个活跃的市场，创业精神会被压制，有时甚至长达几十年。作者指出，熊彼特所观察到的规律的重要性怎么强调都不为过，决策者应该理智地注意到“重要的不是‘价格和产出’竞争，而是来自新商品、新技术、新供应源、新组织形态的竞争”。

都与就业相关

创业者和商人迈克尔·戴尔在担任联合国（UN）全球创业倡导者的角色时，曾在2015年写过一篇题为“想要：6亿新工作岗位”的文章。戴尔指出，创业者和他们创造的工作成为联合国“可持续发展目标”的一部分，这一点很关键。在接下来的 15 年里，这将进入整个世界的“待办事项清单”。“这是至关重要的，”戴尔说，“因为我们需要 6 亿个工作岗位来雇用快速增长的全球劳动力。”与普遍的看法相反，新的工作机会不是来自于大企业，而是来自于创业者和他们快速成长的初创公司。

戴尔指出，世界上所有的新工作中，超过 3/4 是由创业者创造的。如果没有一条打造优秀创业公司及令小企业兴旺的健康通道，就不可能创造 6 亿个新的就业机会。戴尔指出，必须消除阻碍创业者将创意和突破性创新转化为有前景企业的障碍。创业者的工作的好处是巨大的，戴尔说，而对所有人最大的好处是希望：“因为无论你在世界上的哪个地方，工作和经济机会能够带来对更美好未来的希望。”[7]

与此同时，美国思想领袖们正在认识到，在全国学生的课程中支持科学教育是多么的关键。传奇风险投资家拉里 · 博克（Larry Bock）在 2016 年去世之前的几年，一直在这方面特别积极。博克指出，美国学生没有往科学和工程领域迈进。[8]此外，博克说，由于签证问题，我们不会留下在这些领域接受我们教育的国外学生。此外，目前国外科学和工程方面的机会比美国更多。这些趋势的融合，引发了一场完美的风暴，使得美国人没有进入这些重要的领域。博克认为，如果这一趋势在一代人之内得不到扭转，美国基本上要将创新进行外包。

博克是美国“科学和工程节”（Science and Engineering Festival）的创始人和执行总监，这是美国科学和工程领域最大的年度庆典。目标是通过举办这个世界上最引人注目、最令人兴奋和最具教育意义的节日活动，来刺激和维持美国年轻人对科学、技术、工程和数学（业内统称为“STEM”）的兴趣。这个节日是一个开放的论坛，展示了 STEM 的各个方面。[9]节日每年会吸引成千上万的人，在美国经济发展的关键时刻，正在发挥着重要的作用。

美国国家科学基金会成立于 1950 年，以协助促进美国科学界的长期发展。在基金会成立初期，工作人员由政府、学术界及实业企业的实验室里从事研发的科学家和工程师组成。在接下来的 60 多年里，政策制定者、学者和企业主都认识到，STEM 知识和技能对于美国劳动力至关重要。 人们还普遍认识到，保持充足的拥有 STEM 能力的工人，会有助于创新和经济活力，与 STEM 有关的劳动力是美国经济的重要组成部分。 值得注意的是，STEM 劳动力比美国劳动力的其他成员享有更多的就业机会，数据也表明，STEM 劳动力的失业率较低。 此外，所有教育水平的 STEM 学位持有者，与普通劳动力相比都有工资溢价。

STEM 劳动力领域在推动经济增长方面发挥着直接和至关重要的作用，而且这一作用变得越来越重要。 美国联邦政府每年投入 40 亿美元用于 STEM 教育和培训。 美国有超过 2,600 万个工作岗位（约占所有工作岗位的 20%）需要某个 STEM 领域的前沿知识。 所有 STEM 工作岗位的一半对于那些没有四年制大学学位的人员是开放的，这些工作的年平均工资为 53,000 美元——比要求类似教育背景的非 STEM 岗位的工资高出 10%。 所有 STEM 工作的一半都在制造、医疗健康和建筑行业。[10]

促进经济活力的技术创新，需要 STEM 领域专家的专业知识。 STEM 劳动力是科学和技术类企业的组成部分，自工业革命以来，其重要性在 20 世纪和 21 世纪的科学进步中大大增加了。 图 7-2 显示了 1850—2011 年期间，美国在某特定领域需要高水平 STEM 知识和跨领域需要超高水平 STEM 知识的工作比例。

美国联邦政府明确承诺为供应 STEM 劳动力提供资金支持以及推进研究，这种承诺可以追溯到范内瓦 · 布什，他帮助建立了国家科学基金会。 自此以后，基金会的报告就一直强调了 STEM 教育的必要性。 STEM 得到了政治阵营两边的大力支持。 2006 年，乔治 · 布什总统发起了美国竞争力倡议（American Competitiveness Initiative），以提升 STEM 教育，增加科学家的人数。 最近，美国前总统奥巴马创建了“教育创新”（Educate to Innovate）运动，以促进 STEM 教育，并签署重新通过布什时代的《美国竞争法案》（America COMPETES Act），该法案体现了许多与布什政府的 STEM 优先事项相同的目标。

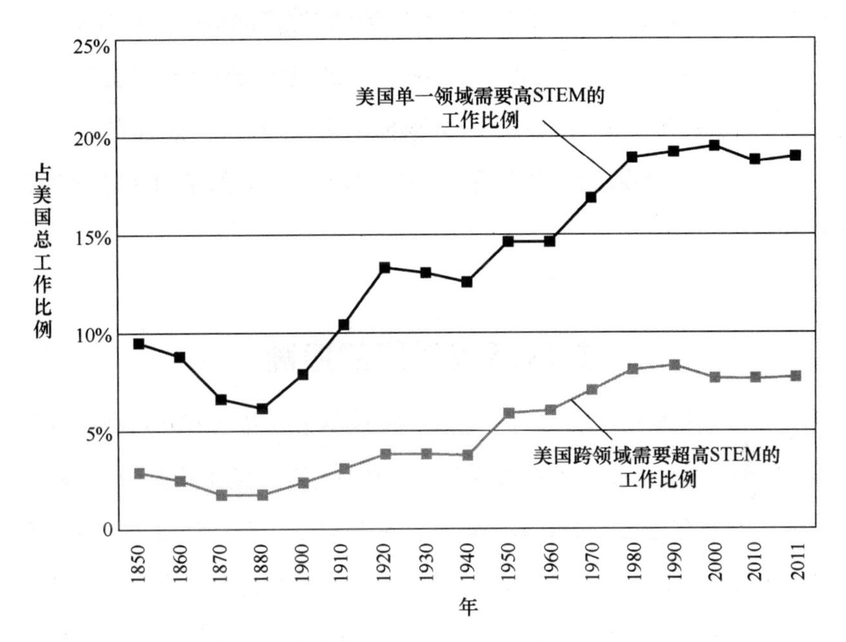

图 7-2　美国需要 STEM 领域知识的工作比例

注：布鲁金斯学会的研究用两种方式定义了 STEM 工作，第二种比第一种的限制性更强：（1）任一领域的高 STEM：该职业的知识得分必须至少超过一个 STEM 领域的平均得分不少于 1.5 个标准差；在报告中这些职业被视为高 STEM；（2）跨领域的高 STEM 或超高 STEM：该职业的综合 STEM 得分——每个领域的得分总和——必须超过平均得分 1.5 个标准差；这些职业在报告中被视为超高 STEM。

资料来源：Jonathan Rothwell, "The Hidden STEM Economy," *Brookings*, June 10, 2013.

作为美国国家科学基金会的决策机构、总统及国会的顾问，国家科学委员会审查了最近关于 STEM 劳动力的研究和辩论，与许多专家进行了协商，并研究了基金会 2014 年的《科学和工程指标》（*Science and Engineering Indicators*）报告中的数据，以建立深入了解，促进关于 STEM 劳动力的更具建设性的讨论，并为决策者提供信息。从委员会的分析中，得出的一个主要见解是，STEM 劳动力对创新及美国的竞争力有广泛及关键作用。[11]美国 STEM 劳动力的重要作用，凸显了学术界在促进这种工作所需的教育及培训方面的关键作用。

近年来，美国经济中的劳动力市场趋势一直很强劲。在过去五年中，私有企业创造了约1,300万个就业机会，但此前经济扩张高峰期间的净增加仅约400万个。这意味着每年净增长仅为0.5%左右。20世纪80年代美国创业蓬勃发展时，净就业数每年增长约为2%。如果能取得80年代一般强有力的就业增长，今天将会多近1,500万个就业机会，这个数字比过去五年创造的所有就业机会都要多。

托起所有船只的浪潮

鉴于以上所强调的趋势，有更多的美国领导人和决策者开始对资助科学初创公司的问题表示关切，这并不令人惊讶——过去的努力促进了就业、财富和生产力的增长。英特尔投资（Intel capital）总裁苏爱文（Arvind Sodhani）最近表示，虽然现在大家主要关注软件领域的投资，但如果我们现在看到的许多颠覆和创新能够实现他们的期望，比如无人驾驶汽车和无人飞机等，我们将需要更多硬件创业公司。[12]苏爱文指出，有很多资本正在投资寻找下一个Facebook，但众所周知，在未来10年左右，可能只有几家Facebook这样的公司。苏爱文认为这种做法是有害的。

在当今软件“吞噬世界”的潮流中，硅谷内外有一群思想领袖，他们关注的是，很大一部分美国工人没有因为新的数字技术而获得太多好处。2015年春，一群硅谷风险投资家和学者发布的一封公开信，强调了美国经济的活力在过去20年中不断下降。这封信指出，过去的主要技术进步——如工业电气化——催生了持续的工作和收入增长。然而，这一次的证据让人们反思并怀疑事情是否有所不同。[13]这些人认为，在数字技术驱动的转型时期，可以做大量的工作来改善每个人的前景。他们提出了三方面的努力：

1. 在教育、基础设施、创业贸易、移民和研究领域的一系列基础公共政策的改变；

2. 制定新的组织模式和方法，不仅提高生产力和创造财富，而且创造广泛的机会。组织的目标应该是包容性的繁荣；

3. 更多和更好地研究数字技术革命对经济和社会的影响，并加紧努力制定超越目前思维的长期解决办法。

从历史来看，深度科学创业是一股托起所有船只的浪潮。 我们相信，现在该寻找途径，将多样性带回投资，去支持深度科学的早期公司。 我们未来的全球市场繁荣将依靠它。 美国科学创新的生态系统是多种多样的，包括创业者、风险投资人和传统上扮演关键角色的大企业。 我们认为，风险投资从深度科学投资中迁移离开，以及在软件领域投资的日益集中，这是当前最令人不安的趋势。 由于它们偏向更短周期的投资，近年来，相对于深度科学投资而言，软件领域投资变得极为引人注目。 软件领域投资的成功，为重振美国的风险资本行业做了许多贡献。

尽管如此，有迹象表明风险投资融资的多样性崩溃正在得到缓和。 随着初创公司估值不断上升，再加上硅谷的生活成本相对较高，软件领域投资变得越来越缺乏吸引力，这些是转折点的信号。 然而，还没有证据表明，在此之后的风险资本将流入哪些细分领域。 在第 6 章中，我们重点提出了一系列值得风险投资人关注的新兴科学技术，但这些机会的存在，并不意味着它们将吸引风险投资人的注意。

虽然硅谷和其他地方的风险投资人继续回避深度科学创业公司，而倾向于软件领域投资，但非常令人鼓舞的是，像谷歌这样的著名技术公司和 Facebook 这样的社交媒体公司正在加大对深度科学的投资，比如生命科学、机器人以及机器学习等。 同样令人鼓舞的是，创业风险资本基金也开始从软件领域投资转向那些关注长期问题的公司。 拉克斯资本（Lux Capital）筹集了一只 3. 5 亿美元的新风险基金，专注基于深度科学的早期投资。 2015 年夏，两位特斯拉汽车公司的早期投资人联手，筹集了 4 亿美元来从事这类投资，这表明时机对这类基金是有利的。[14]

新风险基金的合伙人们指出，他们正走在跟随深度科学风险投资人埃隆 · 马斯克的道路上，马斯克已经证明，在赚钱的同时还能改善社会是可能的。 一位渴望治愈癌症的科学家或创业者——排除这种努力所面临的所有障碍——几乎肯定不是由纯粹的经济利益所驱动的。 正如硅谷资深风险投资人凯文 · 方（Kevin Fong）所说：“到了某种境地后，就不再是钱的问题了。 每位工程师都希望他们的产品能有所作为。 你希望你的工作得到承认。”[15]风险投资人维克托·黄和格雷格·霍洛维茨所指出的，一直以来激励着无数科学家、工程师和创业者的那种爱——我们都是其受益者。

企业家埃隆·马斯克今天所做事情的核心是深度科学和创新。 他的成功所引发的投资活动，是否是一个新趋势的开始，吸引风险资本家大量重返深度科学领域，这一切仍有待观察。 在对经济活力和长期繁荣至关重要的深度科学领域的投资遭受多年来的忽视之后，这种投资行为的转移肯定是及时并受到欢迎的。

创业投资的场景

风险投资的未来，会对社会产生重大的影响。 风险投资在促进深度科学的商业化方面发挥了关键作用，并成为提升经济活力的关键催化剂，创造了就业、收入和财富，改善了生活水平。 为帮助实现范内瓦·布什提出的第二次世界大战后美国经济中深度科学的愿景，风险投资人发挥了重要的作用。 风险投资虽然只占总投资资本的一小部分，但对建立在深度科学基础上的新产品和新工业的创造及成功产生了巨大的影响。 正如我们所看到的，推动创新的生态系统是多种多样的，但风险投资在深度科学创新生态中的地位怎么强调也不为过。

彼得·德鲁克（Peter Drucker）曾指出，每个组织都需要一个核心能力：创新。 苹果公司的联合创始人史蒂夫·乔布斯指出，创新是商界领袖与跟随者之间的区别。 现在，深度科学风险交易的缺乏，使对每一个组织及经济繁荣至关重要的创新进程有可能受到破坏。 在总结本书的分析和讨论时，我们设想了两种可能在未来发挥作用的情形。

情形1：悲观的情形。 在这种情形下，美国风险投资继续集中于软件领域的投资，多样性崩溃的进程（已在第4章中讨论）逐渐展现。 硅谷投资人停止对硅的投资，避开深度科学的项目。 结果，科学创新和商业化越来越多地迁移到海外，那里有更多的资本，并愿意耐心地为深度科学公司提供资金。 美国的创新停滞不前，竞争加剧，同时对美国经济活力产生负面影响。 这种悲观的情形是对美国创业精神和硅谷过去历史的一种诅咒。 目前，对未来出现这种情形的可能性不可轻视，因为这是风险投资和美国经济在过去十年中所走过的道路。

情形2：好转的情形。 这种情形更为积极一些，与美国的创业精神和硅谷过去的成功更为一致。在这种情形下，风险投资人越来越关注深度科学投资——机器人、人工智能和机器学习、精准健康和医学以及量子计算——如附录1和附录2中所讨论的，从而终止了美国风险投资多样性的崩溃进程。对深度科学项目的重新关注，将反映在第6章中所讨论的不断增加的投资机会上。

这种情形，是设想创业者和风险投资机构在软件投资方面取得成功之后，开始认识到深度科学创新投资及商业化之中的机会和重要性，并加强对这种创业公司的投资。在硅谷，我们可以看到这种情形已经在发生的早期迹象。然而，现在的投资行为是否有助于将投资趋势扭转向深度科学的创业项目，还有待观察。

在好转的情形下，美国政府的政策制定者会继续推进新的法律和监管条例，以促使更多的资本进入早期阶段的公司，开发基于深度科学的创新产品和应用（如第5章所述）。美国资本市场的建设性发展，反过来有助于恢复和振兴创新生态系统，以及政府、学术界、风险投资和推动20世纪下半叶经济繁荣的深度科学之间的重要联系。风险投资和运作良好的资本市场是深度科学创新生态系统健康运作的关键因素（已在第1章中强调）。

有一个迹象表明，这种情形可能已经在风险投资世界出现，埃里克·莱斯（Eric Ries）是代表了创业精神宣言的《精益创业》（*The Lean Startup*）一书的作者，他大胆地推出了他的“长期股票交易所”（Long-term Stock Exchange，LTSE）。LTSE将针对关注季度收益的短视问题，并试图鼓励投资人和公司为未来几年的发展做出更好的决定。他指出，当今最普遍的公众观点是上市即意味着公司创新能力的终结。而且，许多硅谷的创业公司不再考虑IPO，并被告知不要去上市。

里斯已经组建了一个由大约20名工程师、金融管理人员和律师组成的团队，并从30多位投资人那里筹集了一轮种子融资来支持LTSE的发展。这些支持者中，包括风险投资家马克·安德森、技术传道者蒂姆·奥赖利（Tim O'Reilly）和美国历史上第一任国家首席技术官安尼什·乔普拉（Aneesh Chopra）。与美国证券交易委员会的讨论已经开始，但启动LTSE可能需要几年时间。LTSE 是否会开花结果仍有待观察。仅仅需要这样的一个证券交易所的想法，就证明了我们在本书中所描述的问题。

一个有活力、繁荣的经济体，其核心竞争力是创新。随着时间的推移，这种经济体能产生数以百万计的工作岗位和以亿美元计的收入和财富。由创新驱动的经济体处于领先地位，其他经济体跟随之。在这种情形下，风险投资在深度科学上的回报成为美国经济活力复苏的主要催化剂，将对就业、收入、财富和生活水平产生积极影响。

未来会上演的是哪种情形，仍然有待观察，或者是否会出现这两者之间的某种情形也未可知。作为理性的乐观主义者，我们倾向于相信深度科学的创业项目将在未来几年卷土重来，但不敢保证。在硅谷、华盛顿、哥伦比亚特区以及美国的其他地方，需要大量的重新调整的工作，才能使好转的情形取得成果。我们不得不花时间和精力来写这本书，希望能够帮助投资人、创业者、商业领袖、科学家、教育工作者和政策制定者之间进行建设性对话，讨论如何最好地解决本书所讨论的问题。

注释

1. Ari Levy, “Tech IPO Market Shows Promise After Dead First Halfof 2016,” CNBC.com, http://www.cnbc.com/2016/09/09/tech-ipo-market-shows- promise-after- dead-first-half-of-2016.html.
2. George Gilder, *The Scandal of Money*：*Why Wall Street Recovers but the Economy Never Does* (Washington, DC: Regnery, 2016), 128.
3. Scott Grannis, “Household Wealth Increases, Leverage Declines,” *Calafia Beach Pundit* (blog), June 11, 2015, http://scottgrannis.blogspot.com/2015/06/ household- wealth-increases-leverage.html.
4. Gordon E. Moore, “Cramming More Components Onto Integrated Circuits,” *Electronics* 38 ,no. 8 (April 1965): 114 - 17, http://web. eng. fiu. edu/npala/eee6397ex/ gordon _ moore _ 1965 _ article.pdf.
5. W. Michael Cox and Richard Alm, *Myths of Rich and Poor*：*Why We're Better Off than We Think* (New York: Basic Books, 1999), 116.
6. Richard Foster and Sarah Kaplan, *Creative Destruction*：*Why Companies That Are Built to Last*

Underperform the Market—and How to Successfully Transform Them (New York: Currency Doubleday, 2001), 294.

7. Michael Dell, "Wanted: 600 Million New Jobs," *LinkedIn Pulse*, June 27,2015, www.linkedin.com/pulse/wanted-600-million-new-jobs-michael-dell.

8. 值得注意的是，近年来，美国在科学、技术、工程和数学领域授予的学士学位的百分比下降到25%以下。请参见"Bachelor's DegreesConferred in Science, Technology, Engineering, and Mathematics Fields," *United States Education Dashboard*, http://dashboard.ed.gov/moreinfo.aspx? i=m&id=5&wt=0.

9. 更多信息，请访问美国"科学和工程节"官网: www.usasciencefestival.org.

10. Jonathan Rothwell, "The Hidden STEM Economy," *Brookings*, June 10, 2013, www.brookings.edu/research/reports/2013/06/10-stem-economy-rothwell.

11. National Science Board, *Revisiting the STEM Workforce* (Arlington,VA: National Science Board, February 4, 2015).

12. Cromwell Schubarth, "Intel Capital, Silicon Valley Bank Chiefs See Signs of a Bubble," *Silicon Valley Business Journal*, April 13, 2015, www.bizjournals.com/sanjose/ blog/techflash/2015/04/intel-capital-silicon-valley-bank-chiefs-see-signs.html.

13. "Open Letter on the Digital Economy," http://openletteronthedigitaleconomy.org.

14. Yuliya Chernova, "Early Tesla Motors Investors Raise $400 MillionImpact VC Fund," *Wall Street Journal*, June 23, 2015, http://blogs.wsj.com/venturecapital/ 2015/06/23/early-tesla-motors-investors-raise-400-million-impact-vc-fund/.

15. Cited in Victor W. Hwang and Greg Horowitt, *Rainforest*: *The Secretto Building the Next Silicon Valley* (Los Altos Hills, CA: Regenwald, 2012),130.

附录1 D-Wave系统公司案例

Venture Investing in Science

消费者、企业及政府部门使用的现代数字计算机，都是基于晶体管、集成电路以及微处理器。尽管这些器件应用了一些量子效应，比如非相干隧穿，但它们并不被视为真正的量子机器。一台量子机器必须利用一个或多个量子相干现象，包括量子叠加、干扰、纠缠和共隧穿，这些都是与量子领域有关的最神秘和最违反直觉的物理现象。量子科学让量子计算机结构成为可能，这种结构与传统数字计算技术有着本质的不同。

D-Wave系统公司生产一种专门的量子计算机，称为“量子退火器”（Quantum Annealer），已经销售了几代产品给一些掌握最前沿技术的客户，包括洛克希德马丁公司、谷歌、美国国家航空航天局以及美国大学空间研究协会（USRA）的量子人工智能实验室（Quantum Artificial Intelligence Lab）和洛斯阿拉莫斯国家实验室（Los Alamos National Laboratory）。

D-Wave系统公司是怎么出现的？它为何选择生产量子退火器而不是普通用途的量子计算机？以及基于深度科学的风险投资如何保障公司的生存？D-Wave系统公司是最好案例之一，展现了风险投资如何打破成见并克服那些阻碍技术进步的学术偏见而获得成功。

量子计算的诞生

量子计算机概念的出现已经超过几十年了，可以追溯到20世纪80年代，诺贝尔奖获得者、加州理工学院教授理查德·费曼[1]和牛津大学教授大卫·多伊奇

（David Deutsch）的颠覆性推测。[2]在20世纪80年代初，费曼注意到，不可能在普通计算机上有效地模拟通用量子系统的演化过程，因此提出了能够进行这种模拟的量子计算机的基本模型。该领域在那十年的大部分时间里停滞不前，当时尚不清楚量子计算机如何检测和纠正在操作过程中出现的错误，因为传统的错误校正方法都需要读取比特来检测错误。这种方式无法在量子计算机上使用，因为读取量子比特（Qubits）将必然会改变它们的状态。尽管物理学家对有效的量子模拟很感兴趣，但并没有人立刻意识到其潜在的价值，更没有考虑到进行大规模投资让量子计算成为现实。

这种情况在20世纪90年代中期发生了彻底的改变，贝尔实验室物理学家彼得·舒尔（Peter Shor）发现了一个关键的算法，现在被称为"舒尔算法"，该算法展示了量子计算机如何能有效地分解大型复合整数和计算离散对数。[3]快速整数分解是破解RSA公钥密码系统的关键，快速离散对数计算是破解椭圆曲线公钥密码体系的关键。舒尔算法激起了智能社区的兴趣，并且给量子计算领域带来了大量的投资。彼得还设计了一种方案克服了对量子计算中"错误不可修正性"的异议，这种方案绕过了需要直接读取量子比特才能修正错误的机制。[4]不久，出现了其他关键算法，包括格罗弗（Grover）的非结构化量子搜索算法，[5]瑟夫（Cerf）、格罗弗和威廉姆斯（Williams）的结构化量子搜索算法，[6]以及艾布拉姆斯（Abram）和劳埃德（Lloyd）评估复杂分子特征值的算法。[7]量子计算领域即将爆发。

量子效应及其在D-Wave量子计算机中的角色

量子计算机与传统数字计算机的区别，在于它们基于不同的基础物理效应。量子计算机利用量子物理效应，如量子叠加、干涉、纠缠、相干隧穿等，不管这些效应可能有多么先进，它们根本不适用于传统计算机。这些物理效应让量子计算机以全新的方式解决问题。因此，量子计算机不仅在运算速度上比传统计算机更快，而且与它们存在本质上的不同。这种转型在计算机科学史上是前所未有的。在量子计算机发明之前，计算机技术的所有改进只不过是对上代技术在性能上进行改进，并没有从根本上进行改变。那么，这些新的量子效应的本质是什么？ 它们在计算中扮演什么样的角色呢？

传统的数字处理器可以处理比特（0 或 1），而量子处理器可以处理量子比特，量子比特可以同时以部分 0 或部分 1 的状态进行量子叠加或混合。 量子叠加状态使得拥有单个 1 位量子比特存储器的量子计算机可以同时存储 2 个比特串；同样，拥有单个 2 位量子比特存储器的量子计算机可以同时存储 4 个比特串（即 00、01、10、11）；类似的，拥有单个 3 位量子比特存储器的量子计算机可以同时存储 8 个比特串（即 000、001、010、011、100、101、110 及 111）。[8]因此，一台拥有一个 n 位量子比特存储器的量子计算机可以存储 2^n个状态的叠加，这是一个指数级的巨大数字。 值得注意的是，当 n 仅为 300 时，存储器的容量比我们整个宇宙中的基本粒子总数还要大（即 2^{300}）！ 即便是用宇宙中所有可用的物质打造，过去、现在或未来的传统存储器都无法同时存储这么庞大的比特串。

更奇怪的是，如果可以在一定时间内对 n 个比特进行操作，那么量子计算机可以在相同的时间内对叠加的所有 2^n个分量执行相同的操作。 初始状态下，量子叠加的权重是相同的。 量子算法设计者的工作难点在于设计量子变换时要让与计算结果相关比特串的操作加强，与计算结果无关比特串的操作减弱。 产生相对加强和减弱效果的原因是，量子计算机对平行的量子态进行不同的计算操作时，平行的量子态之间会产生干涉。

但是，量子叠加不是万能的。 创造和控制大量叠加态的代价高昂。 在量子计算结束时，读取叠加状态将只会返回此状态中的许多比特串中的一个。 返回哪个比特串无法提前预测，只能进行概率估算。 这意味着量子计算机必然是不确定的计算机，并且同样的量子计算重复几次，通常不会每次返回相同的答案。 我们当然在 D-Wave 量子计算机中看到了这种情况，通常是用于多次重复提交和解决同一问题以获得一系列比特串，每个比特串都与计算结果相关。 当 D-Wave系统被用作优化器时，唯一返回的是最佳质量的比特串。 然而，当 D-Wave系统被用作采样器时，所有发现的比特串以及它们的相应质量都会被返回。 通常，这对应于问题的不同解决方案或近似解决方案的不同采样。

其他的量子现象更违反直觉，甚至让一些最伟大的科学家感到困惑，包括阿尔伯特·爱因斯坦。例如，在常规的计算机中，如果我们对某个比特位的子集执行运算，我们不会期望其他非相关比特位的值因该操作而更改。在量子计算机中不是这样！当量子计算机运行一个量子算法时，量子比特存储器的叠加状态之间产生量子干涉，这导致存储器内的量子比特不可能处于确定的状态。

这种被称为“纠缠”的量子叠加状态，支持了一种理论，即读取量子比特的一个子集可以严重改变互补、未读量子比特子集的值。此外，量子比特值之间诱导相关性的强度比传统比特要更大。就像你和一个朋友同意做出一些决定，然后你们以自己的方式独立地做出你们的决定，但当你们再次见面的时候，发现你们做出了同样的决定，即使你们在做决定的时候并没有将此决定传达给对方，也没有事先安排好预定的决定！这就是量子纠缠的奇异世界。通过这些纠缠，量子计算可以加强量子比特值的相关性，按经典标准来看，这几乎是奇迹。

最后一种量子现象是量子相干隧穿。在经典物理学中，当遇到某种障碍时，人们通常会绕过它。然而，在量子领域，则可能发生隧穿。此外，发生在常规晶体管内的非相干隧穿中，每个电子隧道彼此独立；与此不同的相干隧穿中，量子比特整体从一个低能量态隧穿到能量更低处。一个可以将 D-Wave 量子计算机工作机制可视化的方法，是将待解决问题想象成一个能量地形图，解决问题的过程类似于在能量地形图中寻找最低点。

当 D-Wave 量子计算机启动时，这个地形被人为地设置成平地，以便所有比特串初始都是平等的。随着退火的进行，待解决问题的能量地形被慢慢地施加在初始能量地形上，并且量子比特从更高的局部能量地点集体隧穿到更低的局部能量地点。这个过程会一直继续，直到量子退火结束时，代表各种幸存比特串的量子状态高度集中到最低的波谷。此时读取量子计算机的状态，显示一个比特串，该比特串具备最低的能量函数。通过隧穿相干，能量地形图中山丘的隧穿速率，可以高于能量地形图中山丘上的热跳跃速率（如同在常规计算机中发生），与经典物理效应或非相干量子效应相比较，量子机器可以更快找到最佳解决方案。

发明一台运用量子效应计算机的动机，在于利用它解决复杂性计算的问题。

通过利用量子效应，量子计算机可以在本机运行那些在传统计算机中只能低效模拟的算法。这与费曼最初的观测相类似，即传统计算机无法有效地模拟普通量子系统。使用量子计算机分解复合整数和估算复杂分子的基态特征值，指数加速似乎可以实现。对于更大且更商业化的问题，包括量子搜索和求解 NP 难解问题，多项式加速似乎可以实现。因此，有了量子计算机，就有潜力解决常规计算方法无法解决的问题（见图附 1－1）。

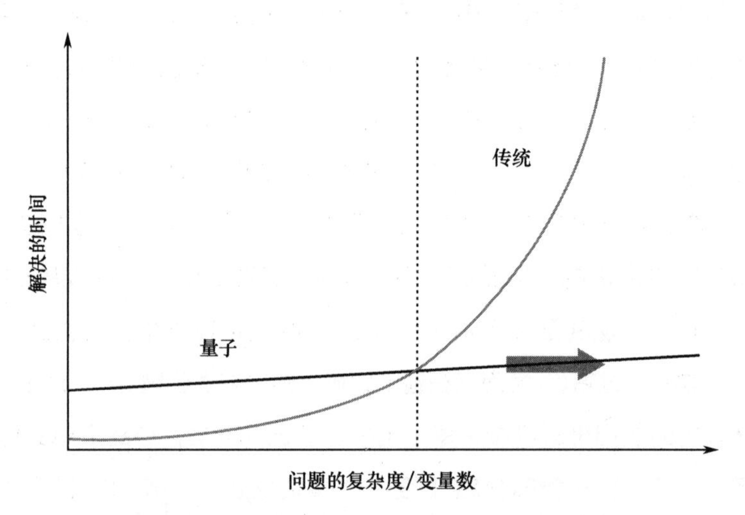

图附 1－1　量子计算机与传统计算机对比的优势

资料来源：D-Wave 系统公司。

现在 D-Wave 量子计算主要应用的领域包括机器学习、人工智能、计算机视觉、机器人、自然语言理解、计算技术、密码学、软件确认和验证、情感分析和量子模拟。因此，其风险投资机会在于与使用传统计算机相比，具有更快更好地解决主要市场领域的高价值计算问题的潜力。

D-Wave 系统的创立

D-Wave 系统公司的起源不同寻常。1999 年，乔迪·罗斯（Geordie Rose）在加拿大不列颠哥伦比亚大学（University of British Columbia）上过加拿大传奇投资人海格·法瑞斯（Haig Farris）的一门课。法瑞斯布置了一项家庭作业，要求他的学生为一家虚构的公司编写一份商业计划书，不限行业领域，可以天马行空。当时罗斯刚刚读了科林 P.威廉姆斯（Colin P. Williams）编写的《量子计算探索》（*Explorations in Quantum Computing*）一书，趁着大脑中对量子计算的新鲜感，他选择编写一家虚构的量子计算公司的商业计划书。他的创意是向投资人融一笔资金，用这些资金去资助全世界在量子计算方面的战略研究项目，换取他们技术成果所对应的知识产权（IP），期望有一天可以将这些IP组合出售给一家有意从事量子计算机商业开发的技术公司。法瑞斯非常喜欢罗斯的商业计划，他甚至答应给这家公司提供种子资金。罗斯认为很有前景的技术之一是基于 d 波（d-wave）超导体的量子计算，因此他将公司命名为D-Wave系统。即便现在的量子计算技术基础已经演进为低温超导体，这个名字还在继续沿用。

1999 年，在乔迪的知识产权聚合策略的基础上，乔迪 · 罗斯、海格 · 法瑞斯、鲍勃 · 韦恩斯（Bob Wiens）和亚历山大 · 扎格斯金（Alexandre Zagoskin）在不列颠哥伦比亚州的温哥华市联合创立了 D-Wave 系统公司。公司开始执行其商业计划，与众多大学加强战略合作，并开始积累 IP。到 2004 年，公司的进展引起了《哈佛商业评论》（*Harvard Business Review*）的注意，并编写了一个 D-Wave 发展战略的案例。[9]在这个阶段，D-Wave 掌握了当时所有实现量子计算的技术方式的优势和不足。这使得公司处于非常有利的地位，进而考虑尝试进行量子硬件的开发。

实际上，在《哈佛商业评论》的案例中，乔迪就公开提到公司是应该继续作为一个 IP 聚合者或是转身打造自己的量子计算机的问题。2004 年年底，公司做出了决策，招募艾瑞克 · 拉蒂津斯基（Eric Ladizinsky）加入 D-Wave，帮助乔迪将公司由 IP 玩家转变为一家技术制造商。艾瑞克的角色非常重要，对公司的战略调整非常关键，为了表达对他对公司所做贡献的认可，D-Wave 给予艾瑞克联合创始人的头衔。从此以后，D-Wave 的发展突飞猛进，并且致力于运用物理学和计算机科学方面最深度的研究成果，去设计能够执行全世界最困难和最重要任务的量子计算机。公司的客户包括财富 500 强企业、政府部门、研究实验室以及大学等，它们全都想要获得接触量子计算技术的机会，并且希望尽早参与应用案例的探究、设计及专利申请。

融资轮次

与大多数典型的技术类风险投资项目——比如社交媒体软件初创公司——不同，D-Wave 公司量子计算机的商业化之路相对更漫长一些。公司总部从温哥华市中心搬迁到不列颠哥伦比亚州本拿比市的郊区，目前在美国加州的帕洛阿托市设有办公室，位于硅谷的核心位置。

迄今为止，D-Wave 在私募股权投资市场经历了七轮机构融资，总额为 1.733 亿加元，融资轮次分别如下：

- A 轮（基于 A 类 1 系列股票）：2001 年 12 月 21 日至 2002 年 12 月 17 日；
- B 轮（基于 A 类 2～4 系列股票）：2003 年 5 月 16 日至 2004 年 7 月 30 日；
- C 轮（基于 B 类股票）：2006 年 4 月 19 日至 2006 年 6 月 16 日；
- D 轮（基于 C/D 类股票）：2008 年 1 月 23 日至 2008 年 9 月 30 日；
- E 轮（基于 E/F 类 1 系列股票）：2010 年 11 月 24 日至 2011 年 2 月 28 日；
- F 轮（基于 E/F 类 2 系列股票）：2012 年 6 月 1 日至 2013 年 3 月 22 日；
- G 轮（基于 G/H 类股票）：2014 年 6 月 27 日至 2014 年 12 月 23 日。

每一轮融资中，都存在多次交割的情况，上述每轮次融资对应的日期是该轮的首次交割和最后一次交割的时间。

A 轮融资

D-Wave 的首次 A 轮面向机构的融资发生于 2001 年 12 月至 2002 年 12 月，融资额共计 300 万加元，投资人包括成长工场资本（Growth Works）和 BDC 资本。

A 轮融资后的进展

本轮融资使得公司可以推进其 IP 收集战略，并开始探索自有超导量子比特的创新设计。这个时候，D-Wave 还专注于门模型（gate model）量子计算，因为绝热模型（adiabatic model）还很新，没有得到很好的理解，甚至还受到主流量子计算领域人士的一些嘲讽性的评论。

B 轮融资

D-Wave 的 B 轮融资发生在 2003 年 5 月至 2004 年 7 月，共计完成融资额 1,100 万加元，参与的投资人包括 BDC 资本、德丰杰（DFJ，Draper Fisher Jurvetson）以及不列颠哥伦比亚投资管理公司（BCIMC）。

B 轮融资后的进展

本轮融资为公司提供了充足的资金，以应对打造属于自己的超导处理器的挑战，其设计灵感来源于量子计算的绝热模型。公司开始寻找合适的候选人来领导新的面向制造业的努力。乔迪·罗斯咨询了科林·威廉姆斯的建议，他在量子计算领域拥有广泛的见识。威廉姆斯推荐公司聘请艾瑞克·拉蒂津斯基，他曾在 2000 年从美国国防部高级研究计划局（DARPA）那里获得了一项 1,000 万美元的项目，为一个小型曼哈顿计划提供资金，打造一台超导门模型量子计算机。拉蒂津斯基和罗斯很快一拍即合，拉蒂津斯基兴致勃勃到 D-Wave 走马上任。他很快认同了打造一台绝热模型的量子计算机的愿景，他们组建了一支世界级的超导量子工程师队伍来做设计。他们与加州理工学院的美国国家航空航天局喷气推进实验室达成了一项协议，一起开始制作原型机。拉蒂津斯基还认识到需要在 D-Wave 内部培养一种硅谷创业公司文化，他积极促进更充分的内部沟通，快速实现内部协调，并注入了解决冲突的健康战略。这些变化让 D-Wave 变得更加灵活、更协作、更紧密地专注于打造一台绝热量子计算机。而且，新的企业文化重视快速原型开发、开放的交流、内部协调和团队合作。

2005 年 1 月，D-Wave 将杰里米·希尔顿（Jeremy Hilton）由知识产权总监提拔为处理器开发副总裁。在新岗位上，希尔顿承担了 D-Wave 量子处理器开发的重担，这包括管理由物理学家和量子工程师组成的 D-Wave 硬件开发核心小组，以及对超导设备和处理器的设计、制造、建模和测试提供技术领导。在希尔顿的带领下，D-Wave 的产品从 16 位量子比特的实验室原型走向成熟，通过三代量子处理器的商业迭代，最终在 2015 年推出了 1,000 + 位量子比特的 D-Wave 2X。

2005 年 5 月，D-Wave 聘请了比尔 · 麦克雷迪（Bill Macready）担任软件工程副总裁。麦克雷迪开始招募一个高水平的计算机科学家团队，与 D-Wave 强大的内部物理学家团队形成互补。软件团队利用 Matlab、C/C + + 和 Python 语言创建了应用程序接口（API）与 D-Wave 系统进行交互。他们还开发了一些工具，将各种问题转换为二次约束的二进制优化（QUBO）问题，将任意结构的 QUBO 转化为与 D-Wave 机器的互联拓扑相一致的机构，并将这种适当结构化的 QUBO 映射到伊辛（Ising）问题，使之在 D-Wave 处理器上以本机方式运行，最终使得在 D-Wave 机器上编程更容易。这个团队还开发了一些应用程序，展示如何使用硬件解决离散组合优化、约束满足和离散采样问题。具体实例包括分解复合整数、计算拉姆齐（Ramsey）数、以约束满足作为逆验证、求解指派问题、优化分子匹配等。

另外一个关键的人才招聘发生在2005 年 12 月，D-Wave 聘请坦尼亚 · 罗德（Tanya Rothe）作为公司首席法律顾问和知识产权总监。通过广泛且低成本的方式获取和保护内部产生的 IP，罗德致力于将 D-Wave 的 IP 战略从聚合模式转换为一种更具战略性的模式。这项战略非常成功，并导致 2012 年 12 月《电气与电子工程师学会会刊》（*IEEE Spectrum*）将 D-Wave 的专利组合数量在计算机系统类别中排名第四。[10]

C 轮融资

2006 年 4 月，D-Wave 完成了金额 1,470 万加元的 C 轮融资，参与的投资人包括成长工场资本的工作机会基金、BDC 资本、德丰杰、哈里斯集团以及不列颠哥伦比亚投资管理公司（BCIMC）。

C轮融资后的进展

2006年9月，D-Wave聘请大卫·皮雷斯（Dave Pires）担任硬件工程副总裁，他的任务是将D-Wave的技术转化为可部署的产品，具体包括开发能够将处理器和相关电子部件冷却到毫开尔文[1]的制冷系统，设计能够在室温下传送信号到超级冷却处理器的模拟控制线，以及为量子处理器设计超低噪声和低磁场的环境。

C轮融资使得这些成为现实，到2007年，D-Wave设计出了第一台基于超导铌量子比特的16位量子比特处理器。2007年2月13日，"猎户座"量子处理器在美国加州山景城的计算机历史博物馆的一场现场演示中展示给世人。在大批观众面前，乔迪·罗斯展示了该处理器解决一个分子匹配问题、一个座位分配问题和一个数独问题。演示还介绍了通过互联网链接和标准计算机接口，与D-Wave量子计算机进行交互的可行性。这一事件在主流的量子计算领域遭到了强烈的质疑，这些人既没有听说过D-Wave，之前也没有深入研究过量子计算的绝热模型。然而，尽管随后出现了负面新闻，但计算机历史博物馆的活动却是D-Wave的一个开创性时刻，因为公司引起了洛克希德马丁公司的首席科学家内德·艾伦（Ned Allen）和谷歌的哈特穆特·内文（Hartmut Neven）的注意，这两人在日后推动各自公司购买D-Wave量子计算机方面发挥了关键作用。

尽管猎户座作为功能性量子处理器取得了成功，但由于需要过多的控制线，其设计是不可扩展的。随后，D-Wave重新设计了处理器的结构，通过将集成可编程磁存储器并入处理器，使之可以扩展到任意尺寸，这种设计极大减少了进入容纳量子处理器的稀释致冷机的控制线数量。

内部及D轮融资

2008年1月，D-Wave完成了金额1,700万加元的内部融资。9月，D-Wave宣布完成了1,140万加元的D轮融资，参与的投资机构包括高盛、国际投

---

[1] 即-273.15~-273.151℃。——译者注

资与承销公司以及哈里斯集团。

D 轮融资后的进展

D-Wave 在完成 D 轮融资之后，开始了与谷歌在量子机器学习方面的非正式合作。最终与谷歌联合发布的学术论文中描述了他们是如何运用量子退火对二进制分类器进行训练的。[11,12]2009 年，谷歌与 D-Wave 在神经信息处理系统年度会议上，联合演示了他们的量子机器学习算法。[13]处理器拥有 128 位的量子比特，并使用了 33,000 个超导约瑟夫逊接面，蚀刻在一个 4 毫米 ×7 毫米的模具上。这种基本设计经历了几个周期的优化，新的旗舰 D-Wave 2X 产品现在拥有 1,000 + 位的量子比特和 128,000 个约瑟夫逊接面，被认为是当时最先进的超导处理器。

2008 年 9 月，沃伦 · 沃尔（Warren Wall）加入 D-Wave 担任首席运营官（COO）。他是加拿大电子艺术公司（Electronic Arts Canada）的前 COO，并从 2008 年 11 月 7 起，担任 D-Wave 的临时 CEO，直到 2009 年 9 月。

2009 年 9 月，D-Wave 成功聘请了弗恩 · 布朗尼尔（Vern Brownell）担任公司的 CEO，由他带领公司从研究公司转变为全世界第一家商用量子计算机公司。在加入 D-Wave 之前，弗恩曾是美国一家领先的基础设施虚拟化公司——捷易公司（Egenera）——的 CEO，以及高盛的首席技术官（CTO），他和他的 1,300 名员工负责公司在全球的技术基础设施。

2011 年春，在布朗尼尔的任期内，D-Wave 出售了第一台量子计算机给洛克希德马丁公司。这笔销售包含一份跨年度合同、安装一个 128 位量子比特的 D-Wave 系统、一份维护协议以及相关的专业服务，以保证两家公司能够合作，应用量子退火处理洛克希德马丁公司最具挑战性的计算问题。2011 年秋，D-Wave 在美国加州玛丽安德尔湾的南加州大学信息科学研究所安装了一台 D-Wave 一代，这是第一台部署在学术机构的运算量子计算机系统。

首次成功实现一台 D-Wave 量子计算机系统的商业销售，使公司开始有能力吸引到适合组织各层次需要的人才。2012 年夏，激发乔迪 · 罗斯创立公司的那本书的作者科林 · 威廉姆斯加入公司，承担各种职责，包括商业发展和战略伙伴关系总监。一年之后，克雷公司（Cray）前总裁、硅谷图形公司（Silicon Graphics）CEO博·埃瓦德（Bo Ewald）加入D-Wave担任首席营收官。2014年，克雷公司前CTO比尔·布莱克（Bill Blake）加入D-Wave，担任研发执行副总裁。

E轮融资

2011年2月，D-Wave完成了金额1,750万加元的E轮融资，参与的投资人包括公司之前的大型投资人，以及新参与的肯辛顿资本伙伴（Kensington Capital Partners）。

E轮融资后的进展

E轮融资使得公司可以将128位量子比特的D-Wave一代系统改进和扩展成512位量子比特的D-Wave二代系统。除了增加量子比特的数量之外，量子比特变得越来越小，但量子比特的能量级增大了，这使得一旦系统找到最低的能量状态，量子态跃迁出来的可能性就降低了。由于量子比特的缩小，512位量子比特的“维苏威火山”芯片与128位量子比特的“雷尼尔山”芯片面积相同，但前者的性能大大提高了。另外，E轮融资帮助D-Wave改进了向芯片提出问题的方法。在过去的“雷尼尔山”设计中，对芯片编程的行为会产生少量的热量，这会让芯片的问题增多。在量子计算开始之前，使用者必须等待芯片冷却到稀释致冷机的基础温度，这会增加计算的时间。有了E轮融资的支持，D-Wave能够重新设计输入/输出（I/O）系统，减少编程时传递给芯片的热量。这使得对芯片进行编程和运行问题之间的等待时间大大减少，因此提升了系统的性能。实际上，D-Wave的主要优势之一，就是持续和反复地识别、优化和克服那些掩盖量子计算基本性能的工程挑战。

2011年5月，D-Wave在《自然》（*Nature*）杂志上发表了一篇标题为“人为旋转的量子退火”的论文，这成为公司的一个重大里程碑。[14]这篇论文阐述了令人信服的实验证据，表明D-Wave处理器内部的动力学与量子退火而非传统热退火的动力学相匹配。此外，实验证据还表明，该装置可以在原位进行配置以实现各种不同的自选网络。论文作者展示了 D-Wave 已经建立了一台真正的可编程量子退火器，这大大增加了公司的信誉。

2012 年，D-Wave 扩展了团队，芯片及配套 I/O 系统采用新的设计，并将制造工艺改为互补金属氧化物半导体（CMOS）工艺，从而降低了设备的误差，提高了量子比特的成品率，并提高了芯片的质量。D-Wave 表明它可以将铌引入主流的半导体工艺，而不污染设备，这是不小的壮举，因为铌是 CMOS 制造中不常用的元素。

F 轮融资

2013 年 3 月，D-Wave 完成了金额 3,400 万加元的 F 轮股权融资，继续推进其量子计算机业务的发展。参与这轮的包括著名投资人亚马逊创始人杰夫·贝索斯的个人投资基金——贝索斯探险（Bezos Expeditions），以及一家战略投资机构 In-Q-Tel，这家机构为美国情报机构提供创新技术解决方案。公司的前期投资人也参与了这轮融资，包括 BDC 资本、德丰杰、高盛、成长工场资本、哈里斯集团、国际投资与承销公司以及肯辛顿资本伙伴。

F 轮融资后的进展

2013 年春，D-wave 宣布公司的 512 位量子比特的 D-Wave 二代量子计算机被安装在美国航空航天局埃姆斯研究中心（NASA Ames Research Center）新建立的量子人工智能实验室（QuAIL）里。量子人工智能实验室是谷歌、美国航空航天局和美国大学空间研究协会之间的一项协作项目，目的是探索量子计算的潜力，以促进人工智能和机器学习方面最先进技术发展。这一项目的基础，是与谷歌开始于 2008 年的量子机器学习上的成功研究合作，以及 2012 年与美国航空航天局一起进行的题为“关于空间探索中硬计算问题的近期量子计算方法”的研究。[15]2014 年，D-Wave 系统成功安装到美国航空航天局先进超级计算设施，其管理权被分配给了美国大学空间研究协会。2014 年夏，美国大学空间研究协会宣布向那些希望在 D-Wave 系统上运行其问题的全世界人民征求建议。源于这些项目的首批研究报告于 2015 年 10 月开始发布。[16]

2013 年春，《自然通讯》(*Nature Communications*)杂志发表了一篇关于 D-Wave 量子计算机的行业概述论文，这是公司的另外一个里程碑。这篇论文的标题是“16 位量子比特问题的热辅助量子退火”，给出了热噪声对量子退火效应的首次试验探索的结果。[17]试验表明，通过在 D-Wave 处理器中使用一个 16 位量子比特的可行分析子系统，对于所研究的问题，即使退火时间比单比特的预期退相干时间长八个数量级(环境因素开始腐蚀量子位状态的典型时间)，实现一次成功计算的概率与一次完全相干系统的预期概率相似。实验还表明，通过对开放的(即与其环境耦合)量子系统快速地反复多次退火，而不是将假设的封闭(即不与其环境耦合)系统缓慢地退火一次，量子退火可以利用热环境来实现比封闭系统高 1,000 倍的加速因子。类似的结果后来被南加州大学的一个研究团队证实。[18]

2013 年夏，D-Wave 宣布公司在 IP 战略上实现了一个里程碑，公司获得了美国专利及商标局的第 100 个专利授权。2012 年 12 月，《电气与电子工程师学会会刊》在其计算机系统类别中将 D-Wave 的专利组合数量评为第四名，[19]仅仅位居计算机巨头 IBM、惠普和富士通之后，打败了克雷公司和硅谷图形公司，这标志着新兴公司在基于深度科学领域开创性变革技术上取得的重大成就!

现在，媒体对 D-Wave 的兴趣日益浓厚。2014 年 2 月，D-Wave 的量子计算机登上了《时代》(*Time*)杂志封面，标题是“革命性计算机的量子需要”。[20]

另外，在 2014 年冬，D-Wave 被《麻省理工技术评论》(*MIT Technology Review*)选入 2014 年度“50 家最聪明的公司”名单，并被认为是全球最创新公司中的量子技术领导者。[21]据说进入《麻省理工技术评论》名单中的公司在过去一年中展现出了原创和有价值的技术，并正在将这种技术推向大规模市场化运用，同时对其竞争对手产生了强烈影响，从而代表最有可能改变人们生活的最具颠覆性的创新。

2014 年 4 月，来自南加州大学和伦敦大学的一个科学家团队公布了一篇预印本文章，此文章 2015 年发表在同行评审的杂志上，文章表明即便存在热激发，并且芯片的单比特相干时间与退火时间的比率很小，D-Wave 处理器也能够非常精确地拟合开放系统量子动态的描述。[22]这篇论文有效地压制了 IBM 和伯克利的批评者，他们提出了各种经典模型来解释 D-Wave 设备在做什么。[23, 24]论文清晰地展示了，这些模型没有一个符合 D-Wave 设备的行为。

D-Wave 历史上的一个重要时刻是 2014 年 5 月，当时 D-Wave 发表了一篇题为“量子退火处理器中的纠缠”的论文，为公司计算机中存在的量子纠缠提供了确凿和无可辩驳的实验证据。[25]论文中不仅展示了在量子退火的关键阶段存在纠缠现象，还展示了这种纠缠在热平衡时是持久的，并且在超导量子比特中是世界纪录级的水平。因此，这篇论文表明，纠缠不像许多 D-Wave 批评者所认为的那样脆弱和稍纵即逝，而且此研究在《物理评论 X》（*Physical Review X*）上发表的事实，也是 D-Wave 的一个重要里程碑，是量子计算科学的一个重大进步。

后来，2014 年 11 月，来自谷歌和 D-Wave 的一个科学家团队发表了一篇论文，表明量子效应不仅存在于 D-Wave 二代处理器之中，而且它们还在所执行的计算中发挥了功能性作用。[26]同样，其他研究表明，与许多门模型量子计算研究者所持有的信念相反，D-Wave 量子退火器有可能进行误差修正。[27, 28]这种认识让很多批评者的热情丧失殆尽，他们曾声称 D-Wave 架构将不会扩展。

2014 年夏，当 D-Wave 宣布与两家初创公司建立合作关系，要基于 D-Wave的技术编写软件应用时，传来了更多的好消息。其中一家公司是 NDA-SEQ，它运用 D-Wave 的机器学习能力，结合自己的专有生物技术，基于逐个病例的方式，发掘能为个体病人抵抗癌症的最佳药物；另一家公司是 1QBit，它为金融应用编写软件，非常适合于 D-Wave 的量子退火架构。

F 轮的 3,400 万加元融资之后，D-Wave 成功聘请了克雷公司前 CTO 比尔 · 布莱克来担任研发执行副总裁，负责硬件工程、处理器开发、软件以及制造工艺设计。不幸的是，布莱克在加入公司之后不久就意外去世。然而，在他短暂的任期内，他在塑造公司机器学习方面的战略，以及开发将 D-Wave 集成到传统高性能计算环境所需的系统架构方面起到了重要作用。

G 轮融资

2014 年 12 月，D-Wave 宣布完成了金额 6,170 万加元的 G 轮股权融资，继续推进和规模化其量子计算技术的发展，并加速量子计算软件的开发。参与这轮的投资人包括高盛、BDC 资本、哈里斯集团以及德丰杰。

G 轮融资后的进展

2015 年夏，D-wave 宣布推出 D-Wave 2X——1,000 + 位量子比特的量子处理器。这款新型处理器，由 128,000 个约瑟夫逊接面构成，标志着公司的一个重要里程碑，是迄今为止成功生产出的最复杂的超导集成电路。1,000 + 位量子比特的量子处理器是一项重大的技术和科学成就，相比以前的量子计算机，它能解决困难得多的计算问题。除了将处理器扩展到 1,000 + 量子位之外，新系统集成了其他重大技术和科学研究成果，并且可以在低于 15 毫开尔文的情况下工作，这个温度非常接近于绝对零度。

2015 年秋，D-Wave 公告宣布与谷歌、美国航空航天局以及美国大学空间研究协会签署了一项新的协议，允许公司在位于加州莫菲特场的美国航空航天局埃姆斯研究中心安装一系列的 D-Wave 系统。这项协议支持和延展了公司与谷歌、美国航空航天局以及美国大学空间研究协会之间的量子人工智能实验室合作。这种合作伙伴关系致力于持续研究量子计算如何促进人工智能、机器学习和求解困难优化问题。新协议使得谷歌及其合作伙伴在七年内，都能维持它们的 D-Wave 系统处于最先进的状态，新一代的 D-Wave 系统一旦可用，就会安装在埃姆斯研究中心。其他重大公告还包括出售给洛斯阿拉莫斯国家实验室的一个 1,000 + 位量子比特的 D-Wave 2X 系统，以及与洛克希德马丁公司的一项多年协议，其中包括将公司的 512 位量子比特的 D-Wave 二代量子计算机升级到 D-Wave 2X 系统。

同时，1QBit 还与古根海姆资本（Guggenheim Partners）的一位分析师发表了一篇论文，说明如何应用 D-Wave 机器解决最优交易轨迹问题。[29]该论文研究了利用 D-Wave 系统量子退火器处理多周期投资组合优化问题，导出了问题的表达式，讨论了几种可能的整数编码方案，并给出了高成功率的数据实例。

总结：进入量子计算时代

著名的诺贝尔奖获得者——物理学家理查德·费曼在大约 30 年前就开始了量子计算的探索。此后，学术界和工业界曾多次尝试打造一台量子计算装置。直到最近，学术界都不期望能在未来 50 年内创造出一台量子计算机。这个预测的改变，大部分归功于 D-Wave 和在背后给予公司资金支持的风险投资人。

自公司成立以来，D-Wave 完成了数量惊人的技术突破。迄今为止，投资人对该公司的投资总额约为 1.76 亿加元，来自于一系列的蓝筹投资人。在过去的十年中，D-Wave 的深度科学家撰写了 70 多篇同行评议论文，发表在《计算物理学》《自然》《物理评论》《量子信息处理》和《科学》等各种著名的科学杂志上。

自 1999 年公司成立以来，D-Wave 一直在坚持不懈地打造一个量子计算知识与知识产权库。今天公司的专利组合包括超过 165 个已颁发的世界范围专利，涵盖其技术的所有方面。

此外，D-Wave 不仅仅只在量子计算领域开拓，公司还在一些新的领域（如超导）积累了经验，这可能使得摩尔定律能够一直保持下去。除了能够执行量子计算之外，D-Wave 的超导处理器还有其优点，例如它们根本不会释放热量。技术上还有进一步改进的潜力，当传统晶体管达到其物理极限时，也许能够推出下一个模式让摩尔定律继续保持。

在 CEO 弗恩·布朗尼尔的领导下，D-Wave 现在雇用了超过 120 名员工，并计划在未来继续扩充团队。在战略方向上，公司正在将量子计算集成到主流计算基础架构之中，并利用其变革性的计算技术，解决现实世界中跨越各种领域和应用的一系列挑战性问题。在过去五年，世界上最著名的几家机构，包括谷歌、洛克希德马丁公司、美国航空航天局、美国大学空间研究协会以及南加州大学，都已经使用了D-Wave量子计算系统，并使用D-Wave量子计算系统在机器学习、离散优化和物理学方面进行了开拓性研究。D-Wave量子计算机的应用很广，从解决全行业的复杂优化问题，到加速机器学习以对庞大的数据集实现关键性的理解。与1QBit这样的第三方软件开发机构的合作，推动量子软件生态的发展，这将有助于促进系统的销售。

随着D-Wave量子计算机的发展，很明显我们已经进入了一个新的计算时代。D-Wave的量子处理器同时展示了定域性纠缠和相干隧穿现象，这些现象是量子领域的重要部分，而不属于经典物理学。同时，BBN、IBM、微软、NEC等其他公司也在量子计算领域开展开拓工作，但其研究的重点是以门模型架构或拓扑架构建造通用量子计算机相关的量子计算的替代方案。现在建造一台量子计算机有四五种不同的方式，但D-Wave在量子退火架构中使用超导磁通量子比特的方式，是目前唯一可规模化的。尽管D-Wave多年来取得了显著的技术突破，但D-Wave量子计算机在可规模化问题上仍然没有定论。然后，通过行业对D-Wave的512位量子比特的二代处理器的分析，研究同行已经深刻意识到量子退火计算机具备的明显计算优势。D-Wave二代的512位量子比特处理器专注于大幅减少获取全局最优解的时间，成了行业标杆。现在大家知道，如果问题很简单，用量子退火的解决方案并不会有什么好处，用传统求解器也可以很快把问题解决。[30]而且，现在大家也意识到，获得全局最优解的时间，对往芯片输入计算问题时所需参数的错误配置特别敏感。当输入D-Wave处理器的问题的精确度有可能得到保证时，D-Wave机器的性能更好。[31]因此，这为量子退火的潜力提供了更真实的观点。

2015年8月，1,000+位量子比特的D-Wave 2X的第一个性能测试结果出现了。[32]这项研究从“时间到方案”（TTS）指标的不足之处吸取了教训，并专注于一个新的“时间到目标”（TTT）指标。“时间到目标”指标不是衡量这台机器需要多长时间来进行全局优化，而是需要多长时间才能找到实现特定目标质量的解决方案。这一指标与现实世界中的问题更加一致，因为人们通常提前不知道，或者甚至始终不知道如何识别全局最优解决方案。根据“时间到目标”指标，针对一个测试的问题类，D-Wave 2X 比最有竞争力的传统求解器的原始退火速度要快 600 倍。

最新的 D-Wave 量子处理器有超过 1,000 位量子比特，使得它可以在单机指令中解决多达 1,000 个变量的优化问题。但是，更大的问题可以通过在此问题的多达 1,000 个可变子集上迭代使用 D-Wave 系统的方式得以解决。公司未来增长的关键领域包括更深入的基础研发、更多的处理器开发、更大规模的系统集成，以及广泛的软件工程。

D-Wave 提供了几个 API 接口，允许客户对其系统进行编程。目前已经有 Matlab、C/C++和 Python 的 API/编译器，Julia 和 Mathematica 的 API/编译器还在开发中。下一代量子比特处理器的成品率预期约为 98%，预期更容易将与既有芯片不兼容的问题输入新的芯片。公司还致力于更先进的算法和现实的应用，比如利用量子效应来推进深度学习和人工智能的神经网络。

虽然 D-Wave 量子处理器令人印象深刻，但公司需要通过其合作伙伴及正在进行的研究，证明其量子计算机比传统数字计算机具有优势。D-Wave 具备证明量子计算在市场上拥有优越性的潜力，但量子计算的学习曲线比较陡峭。因此，D-Wave 与谷歌、洛克希德马丁公司、美国航空航天局等机构，以及哈佛大学、伦敦大学学院和南加州大学等大学的合作有着巨大的好处。

与最近风险投资热衷的社交媒体公司相比，D-Wave 试图做的事情从科学、技术和制造业的观点来看，复杂得难以置信。这个项目的极大挑战在于，失败的概率往往与复杂性的平方成正比。获得了适当的金融资源，只不过是增加了另一个层次的复杂性，将 D-Wave 系统变成了“曼哈顿计划”之类的项目。这是一个巨大的事业，是一个推进科学和技术界限的事业。现在，D-Wave 是可规模化量子计算领域无可争议的领导者，是一个深度科学技术商业化的宣传者。

D-Wave 自 1999 年创立以来的发展情况，如图附 1-2 所示。

融资轮次和公司部分里程碑					
1999年	2002—2005年	2006—2009年	2010—2012年	2013年	2014—2015年
公司创立	A轮：300万加元； B轮：1,100万加元； 艾瑞克·拉蒂津斯基加入公司 聘请比尔·麦克雷迪担任软件工程副总裁 聘请坦尼亚·罗德作为公司首席法律顾问和知识产权总监	C轮：1,470万加元 内部轮：1,700万加元 D轮：1,140万加元 聘请大卫·皮雷斯担任硬件工程副总裁 D-Wave与谷歌在量子机器学习方面开始非正式合作 聘请沃伦·沃尔担任首席运营官 聘请弗恩·布朗尼尔担任CEO	E轮：1,750万加元 第一台D-Wave 512位量子比特量子计算机出售给洛克希德马丁公司 《自然》杂志上发表了一篇标题为《人为旋转的量子退火》的论文 著名量子计算专家、作家、科学家和演讲家科林·威廉姆斯加入公司	F轮：3,400万加元 D-Wave二代量子计算机被选中安装在美国航空航天局埃姆斯研究中心的量子人工智能实验室里 同行评审论文《16位量子比特问题的热辅助量子退火》发表在《自然通讯》 聘请克雷公司前总裁、硅谷图形公司前CEO博·埃瓦德担任首席营收官	G轮：6,170万加元 D-Wave量子计算机登上《时代》杂志封面 开发出1,000+位量子比特的量子处理器 加入美国国家科学基金会的混合多核心生产力研究中心（CHMPR） 研究证实D-Wave计算机中的量子纠缠 宣布与谷歌、美国航空航天局以及美国大学空间研究协会签署多年的量子计算协议 出售1,000+位量子比特的D-Wave 2X系统给洛斯阿拉莫斯国家实验室 与洛克希德马丁公司的一项多年协议，包括将512位量子比特系统升级为1,000+位量子比特系统

图附1-2　D-Wave系统时间表

资料来源：D-Wave系统公司。

注释

1. Richard P. Feynman, "Simulating Physics with Computers," *International Journal of Theoretical Physics* 21, no.6 – 7 (1982): 467 – 488; RichardP. Feynman, "Quantum Mechanical Computers," *Optics News* 11, (1985):11 – 20.

2. David Deutsch, "Quantum Theory, the Church – Turing Principle,and the Universal Quantum Computer," *Proceedings of the Royal SocietyLondon* A, no. 400 (1985): 97 – 117.

3. Peter W. Shor, "Algorithms for Quantum Computation: Discrete Logarithm and Factoring," *Proceedings of the 35th Annual Symposium on Foundations of Computer Science* (1994): 124 – 134; Peter W. Shor, "Polynomial-Time Algorithms for Prime Factorization and Discrete Logarithms on a Quantum Computer," *SIAM Journal on Computing* 26, no. 5 (1997): 1484 – 1509.

4. Peter W. Shor, "Scheme for Reducing Decoherence in Quantum Computer Memory," *Physical Review A* 52, no. 4 (1995): R2493 – R2496.

5. Lov Grover, "A Fast Quantum Mechanical Algorithm for Database Search," *Proceedings of the 28th Annual ACM Symposium on the Theory of Computing* (May 1996): 212.

6. Nicolas J. Cerf, Lov K. Grover, and Colin P. Williams, "Nested Quantum Search and Structured Problems," *Physical Review A* 61, no. 3 (2000):032303.

7. Daniel S. Abrams and Seth Lloyd, "Quantum Algorithm Providing Exponential Speed Increase for Finding Eigenvalues and Eigenvectors," *Physical Review Letters* 83, no. 24 (1999): 5162 – 5165.

8. 关于量子计算更深度的讨论，请参考 GeorgeJohnson, *A Shortcut Through Time：The Path to the Quantum Computer*(New York: Knopf, 2003); see also Seth Lloyd, *Programming the Universe：A Quantum Computer Scientist Takes on the Cosmos* (New York: Knopf,2006).

9. Alan D. MacCormack, Ajay Agrawal, and Rebecca Henderson, "D-WaveSystems: Building a Quantum Computer," Harvard Business School Case 604 – 073 (Boston: Harvard Business School Publishing, April 26, 2004).

10. "Quantum Computing Firm D-Wave Systems Announces Milestone of 100 U.S. Patents Granted, Patent Portfolio also Rated #4 in Computing Systems by IEEE Spectrum in Latest Quality Assessment," *D-Wave Systems*, June 20, 2013, http://www.dwavesys.com/updates/quantum-computing-firm-d-wave-systems-announces-milestone-100-us-patents-granted-patent.

11. Hartmut Neven, Vasil S. Denchev, Geordie Rose, and William G. Macready, "Training a

Binary Classifier with the Quantum Adiabatic Algorithm," *arxiv. org*, November 4, 2008, https://arxiv.org/abs/0811.0416.

12. Hartmut Neven, Vasil S. Denchev, Geordie Rose, and William G.Macready, "Training a Large Scale Classifier with the Quantum Adiabatic Algorithm," *arxiv. org*, December 4, 2009, https://arxiv.org/abs/0912.0779.
13. "Binary Classification Using Hardware Implementation of Quantum Annealing" (demonstration, Conference on Neural Information Processing Systems, Vancouver, British Columbia, December 7, 2009).
14. M. W. Johnson, et al., "Quantum Annealing with Manufactured Spins," *Nature* 473, no. 7346 (2011): 194 – 198.
15. Vadim N. Smelyanskiy, et al., "A Near-Term Quantum Computing Approach for Hard Computational Problems in Space Exploration," *arxiv. org*, April 12, 2012, https://arxiv.org/abs/1204.2821.
16. Immanuel Trummer and Christoph Koch, "Multiple Query Optimizationon the D-Wave 2X Adiabatic Quantum Computer," *arxiv. org*,October 21, 2015, https://arxiv.org/abs/1510.06437.
17. N. G. Dickson, et al., "Thermally Assisted Quantum Annealing of a 16-Qubit Problem," *Nature Communications* 4, no. 1903 (2013):doi:10.1038/ncomms2920.
18. Tameem Albash and Daniel A. Lidar, "Decoherence in Adiabatic Quantum Computation," *Physical Review A* 91, no. 6 (2015): 062320.
19. "Interactive: Patent Power 2012," *IEEE Spectrum*, December 3,2012, http://spectrum.ieee.org/static/interactive-patent-power-2012#anchor_comp_syst.
20. Lev Grossman, "The Quantum Quest for a Revolutionary Computer, *Time*, February 6, 2014, http://time.com/4802/quantum-leap/.
21. "50 Smartest Companies," *MIT Technology Review*, February 18,2014, www2.technologyreview.com/tr50/2014/.
22. Tameem Albash, Walter Vinci, Anurag Mishra, Paul A. Warburton, and Daniel A. Lidar, "Consistency Tests of Classical and Quantum Modelsfor a Quantum Annealer," *Physical Review A* 91, no. 4 (2015): 042314.
23. Seung Woo Shin, Graeme Smith, John A. Smolin, and Umesh Vazirani, "How 'Quantum' Is the D-Wave Machine?" *arxiv. org*, January 28, 2014(last revised May 2, 2014), https://arxiv.org/abs/1401.7087.

24. Seung Woo Shin, Graeme Smith, John A. Smolin, and Umesh Vazirani, "Comment on 'Distinguishing Classical and Quantum Models for the D-Wave Device,'" *arxiv. org*, April 25, 2014 (last revised April 28, 2014),https://arxiv.org/abs/1404.6499.
25. T. Lanting, et al., "Entanglement in a Quantum Annealing Processor," *Physical Review X* 4, no. 2 (2014): 021041.
26. Sergio Boixo, et al., "Computational Role of Collective Tunneling in a Quantum Annealer," *arxiv. org*, November 14, 2014 (last revised February19, 2015), https://arxiv. org/abs/1411.4036.
27. Kristen L. Pudenz, Tameem Albash, and Daniel A. Lidar, "Error Corrected Quantum Annealing with Hundreds of Qubits," *Nature Communications* 5, no. 3243 (2014): doi: 10. 1038/ncomms4243.
28. Walter Vinci, TameemAlbash, Gerardo Paz-Silva, Itay Hen, and Daniel A. Lidar, "Quantum Annealing Correction with Minor Embedding," *arxiv. org*, July 9, 2015, https://arxiv.org/abs/1507.02658.
29. Gili Rosenberg, Poya Haghnegahdar, Phil Goddard, Peter Carr, Kesheng Wu, and Marcos López de Prado, "Solving the Optimal Trading Trajectory Problem Using a Quantum Annealer," *arxiv. org*, August 22, 2015 (lastrevised August 11, 2016), http://arxiv.org/abs/1508.06182.
30. Helmut G. Katzgraber, Firas Hamze, and Ruben S. Andrist, "Glassy Chimeras Could Be Blind to Quantum Speedup: Designing Better Benchmarks for Quantum Annealing Machines," *Physical Review X* 4, no. 2(2014): 021008; Martin Weigel, Helmut G. Katzgraber, Jonathan Machta,Firas Hamze, and Ruben S. Andrist, "Erratum: Glassy Chimeras Could Be Blind to Quantum Speedup: Designing Better Benchmarks for Quantum Annealing Machines," *Physical Review X* 5, no. 1 (2015): 019901.
31. Andrew D. King, Trevor Lanting, and Richard Harris, "Performance of a Quantum Annealer on Range-Limited Constraint Satisfaction Problems," *arxiv. org*, February 7, 2015 (last revised September 3, 2015), https://arxiv.org/abs/1502.02098.
32. James King, Sheir Yarkoni, Mayssam M. Nevisi, Jeremy P. Hilton, and Catherine C. McGeoch, "Benchmarking a Quantum Annealing Processor with the Time-to-Target Metric," *arxiv. org*, August 20, 2015, https://arxiv.org/abs/1508.05087.

附录2 Nantero公司案例

Venture Investing in Science

如摩尔定律所述，长期以来，科学家和工程师已经找到方法每两年时间将集成电路的晶体管数量翻一倍，这样持续地极大提升了集成电路的性能。现在，很多消费者、企业和风险投资人已经把摩尔定律视为理所当然。他们期望自己的计算机和电子设备随着时间的推移功能变得更强大，并支持新的商业模式（比如社交媒体）和应用（比如 Facebook、优步）。

随着我们深入了解量子领域，达到十纳米级甚至更小尺寸的程度，科学家们正在质疑硅是否能继续为摩尔定律提供支持。目前的研究表明，硅在小于七纳米时会出现问题——此水平可能在这个十年之内达到。虽然关于摩尔定律的可行性即将结束的预言已经大错特错了，但科学家和工程师们担心，我们可能已接近硅时代的尽头。即便戈登·摩尔自己也表达了对于他的定律在未来可行性问题的担忧。[1]

虽然硅可能仍然是未来五年生产微处理器和半导体的主要材料，但科学家和研究人员正在探索开发其他材料，这些材料具备高度的可伸缩性，可以达到一两纳米的级别，并会保证摩尔定律在可预见的未来继续有效。其中一种有前景的材料是碳纳米管（CNT）。

碳纳米管是弹性非常强的碳原子圆柱体，与一管卷曲的钢丝网有相似之处。碳纳米管非常微小：一根纳米管的直径只有人类头发的千分之一。碳纳米管也具有独特的结构和电性能：它的强度是钢的 117 倍，密度是铝的一半。它具有良好的导电性和导热性，在工业领域应用中都很有价值，广泛应用于航空航天和运输、能源、供水以及电子等领域。自1991年发现以来，碳纳米管已成为美国和海外积极研究的热点。它们被认为是未来半导体硅的潜在替代品，其高抗拉伸强度和优良的导热导电性，对电子设备的应用具有很大的吸引力。通过纳入到当前和下一代半导体产品，这些具有吸引力的特性将可以实现产品性能上的突破。

Nantero的创立

2001年，格雷格·施默格尔、布伦特·塞加尔（Brent Segal）和托马斯·鲁伊克斯（Thomas Rueckes）在美国马萨诸塞州的沃本市成立了Nantero公司，施默格尔担任首席执行官，塞加尔担任首席运营官，鲁伊克斯是创新纳米机电NRAM（非易失性随机存取存储器）设计的发明人和公司首席技术官。施默格尔、塞加尔和鲁伊克斯组建了一个由纳米技术和半导体方面的专家构成的科研团队，来发展Nantero的纳米技术。

创立Nantero的目的是开发和商业化鲁伊克斯的NRAM发明——高密度、非易失性、用于随机存取存储器的碳纳米管。Nantero的创始人将NRAM视为一种通用的内存设备，将会取代当前所有形式的内存，比如动态随机存取存储器（DRAM）、静态随机存取存储器（SRAM）以及闪存。公司的创始人想要开发一种专有模式来生产NRAM，并将其集成到标准的半导体工艺之中，这将有助于将Nantero的碳纳米管存储设备更快地推向市场。

Nantero最初设想其NRAM芯片的市场规模超过每年700亿美元，该公司的创始人看到NRAM可以实现电脑的即开即用，可以取代智能手机、平板电脑、笔记本电脑、MP3播放器、数码相机以及不同类型企业系统等设备上的DRAM和闪存，还有网络中的其他应用。Nantero的商业模式类似于一家无工厂的半导体公司（Fabless），公司将其专有的碳纳米管技术和工艺授权给世界各地的生产商，与一家曾在过去十年取得超级成功的公司——ARM Holdings类似。

A 轮融资

Nantero 于 2001 年 10 月宣布获得了第一轮投资，开始开发其核心 NRAM 及其技术和相关工艺。 A 轮融资总额为 600 万美元，投资人包括风险投资机构德丰杰、哈里斯集团以及 Stata 创投资本。 麻省理工学院董事长、泰瑞达公司创始人亚历克斯 · 达贝罗夫也是其中一位投资人，他同时还加入了 Nantero 的董事会。

值得注意的是，2001 年的金融环境并不特别有利于新兴技术公司的融资，特别是那些在纳米技术开发领域领先的公司。 在 Nantero 完成 A 轮融资的前一年，在之前高速飙升的互联网板块估值暴跌的推动下，代表新兴技术领头羊类股票的纳斯达克指数出现了大幅下跌。

A 轮融资后的进展

在 2003 年春天，Nantero 宣布了一个里程碑级的业绩。 公司成功地在单一硅片上实现了一个 100 亿个悬浮纳米管结的阵列。 这一进步意义重大，因为它表明，纳米管可以可靠地定位在大型阵列中，并且可以扩大规模，以制造更大的阵列。 Nantero 的工艺也给内存实现了大量的冗余，这是因为每个内存比特不依赖于一根单独的纳米管，而是依赖于类似于织物的众多纳米管。 除了应用于内存芯片之外，高导电性的单层纳米管织物被认为还具有广泛的应用范围：晶体管、传感器和网络互连。 利用标准的半导体工艺，制造这种巨大的悬浮纳米管阵列，使其更接近批量生产的目标。

Nantero 创新设计的 NRAM，运用悬浮纳米管作为内存比特，“下”位代表 1，“上”位代表 0。 通过电场的应用，实现比特状态的交换。 重要的是，用于生产 NRAM 的晶片是仅使用标准半导体工艺生产的，从而与现有的半导体晶圆厂实现最大限度的兼容。 Nantero 实现这一结果的专有方法，涉及在整个晶圆表面沉积一层非常薄的碳纳米管。 然后使用光刻和蚀刻的方式，移除位置不正确的纳米管，使之成为阵列中的元器件。

在 2003 年，Nantero 补充了莫汉 · 饶（Mohan Rao）进入其科学顾问委员会。饶是世界领先的超大规模集成（VLSI）芯片的设计者之一，曾担任得州仪器公司半导体集团的高级副总裁。他在半导体方面拥有丰富的经验，在世界范围内拥有 100 多项关于存储器的专利，包括 SRAM、DRAM 和系统单芯片。

B 轮融资

2003 年 9 月，Nantero 宣布成功完成 B 轮融资，融资 1,050 万美元。这笔融资让公司可以继续开发其 NRAM 技术。B 轮由 Charles River 创投领投，这家机构拥有 30 多年技术方面的经验。Charles River 的两位合伙人布鲁斯 · 萨克斯（Bruce Sachs）和比尔 · 泰（Bill Tai）加入了 Nantero 的董事会。德丰杰、哈里斯集团以及 Stata 创投资本等机构继续追加投资。

B 轮融资后的进展

在 B 轮融资的同时，Nantero 宣布与 ASML——一家半导体行业全球领先的光刻系统提供商——建立合作关系。Nantero 已经开发了一种完全适配 CMOS 的 NRAM 生产工艺。与 ASML 的合作包括用传统光刻设备实现 Nantero 的专利工艺。双方共同的努力表明，ASML 的设备可以根据 Nantero 的制造协议生产纳米管，而且无需任何修改即可执行 Nantero 的专有工艺步骤。这是公司的一个重要里程碑。这使得 Nantero 在其碳纳米管存储设备的商业化方面得以进一步推进。

2004 年春天，O. B. 比罗斯（O. B. Bilous）加入了 Nantero 的董事会。当时，比罗斯是国际 SEMATECH 理事会主席，持有 15 项专利，发表了许多文章，并常常出席半导体技术领域的各种论坛和技术会议。在此之前，比罗斯曾在 IBM 的微电子领域担任其全球制造副总裁。

2004 年夏天，Nantero 宣布申请了一个关于碳纳米管薄膜和织物的开创性专利，该专利涉及一种由沉积在晶元表面上的碳纳米管导电织物制成的碳纳米管薄膜。碳纳米管薄膜沉积在硅衬底上，可以用于半导体。碳纳米管薄膜是一个重大的创新，使得基于碳纳米管的高容量、高性价比的器件和其他产品的制造成为可能。加上其他新专利，Nantero 的专利组合包括 10 项美国专利和另外超过 40 项审批中的专利。

也是在那个夏天，Nantero 宣布与美国 LSI Logic 合作一个碳纳米管开发项目。该项目涉及半导体工艺技术的开发，增强了碳纳米管在 CMOS 工艺中的有效利用。与此同时，该公司还宣布与英国宇航系统公司（BAE Systems）联合评估一个基于碳纳米管的电子设备。这涉及评估开发基于碳纳米管的电子设备的潜力，以用于先进的国防和航空航天系统。该项目涉及一系列下一代电子设备的研发，这些设备可以利用碳纳米管的独特性能，并借助 Nantero 的专有方法和工艺，设计和制造基于碳纳米管的电子设备。

2004 年秋季，Nantero 宣布获得了 450 万美元的资金，用于与美国网络信息联盟（Coalition for Networked Information）及密苏里州立大学应用科学和工程中心（Center for Applied Science and Engineering）开发基于碳纳米管的抗辐射、非易失性随机存储器。抗辐射的纳米技术旨在为美国国防目的在太空中应用。2005 年初，Nantero 宣布，它正在亚洲和欧洲积极寻求制造合作伙伴，以进一步推进 NRAM 在消费电子领域的商业化。法国、德国、意大利、日本、韩国和荷兰是可能为 NRAM 技术颁发许可证的一些国家。

C 轮融资

2005 年第一季度，Nantero 宣布成功完成 1,500 万美元的 C 轮融资，本轮由 Globespan 资本领投。Globespan 波士顿办公室的一位董事总经理乌拉斯 · 奈克（Ullas Naik）加入了 Nantero 的董事会。机构投资人 Charles River 创投、德丰杰、哈里斯集团以及 Stata 创投资本等机构继续追加投资。

C 轮融资后的进展

2006 年春，Nantero 宣布了另一个里程碑，公司制造并成功地测试了一个

20 纳米的 NRAM 存储器开关。 这种开关表明，NRAM 可应用于未来几代的许多技术节点。 Nantero 的 NRAM 开关通过以三纳秒为周期的数据写入和读取进行测试，这使 NRAM 有了与当时生产的速度最快的存储器相匹敌的潜力。 这些开关采用了公司专有的碳纳米管织物制造。 结果表明，NRAM 可以是独立的存储器，也可以是嵌入式的存储器，结合了闪存的非易失性与 SRAM 的速度和 DRAM 的密度特征。 测试结果表明，NRAM 未来可以扩展多代产品，预计将继续在五纳米的技术节点以下进行扩展。 Nantero 宣布在 2006 年春季与安森美半导体公司（ON Semiconductor）合作，共同开发碳纳米管技术，继续努力将碳纳米管集成到 CMOS 的制造之中。

2006 年秋，Nantero 宣布，公司解决了阻碍碳纳米管在半导体晶圆厂大规模生产的所有主要障碍，这是公司的一个重大里程碑。 纳米管被广泛认为在半导体的未来具有重大价值，但大多数专家预测，将需要 10 年或更长的时间，纳米管才能成为一种可行的材料。 他们的这种观念源于一些曾阻碍纳米管应用的关键问题，包括无法可靠地在整个硅晶片上定位碳纳米管，以及纳米管材料污染设备，而无法与半导体晶圆厂兼容。

Nantero 开发了一种可大规模对碳纳米管进行可靠定位的方法，即使用旋转涂覆的方法沉积，然后使用在半导体晶圆厂 CMOS 工艺中常见传统的光刻和蚀刻工艺。 此外，Nantero 还开发了一种对碳纳米管进行提纯的方法，以达到半导体晶圆厂生产使用的标准：这意味着碳纳米管对任何的金属污染维持在低于 1 亿分之 2.5 的稳定水平。 随着这些创新，Nantero 成为世界上第一家在大规模半导体生产中引入和使用碳纳米管的公司。

2007 年夏，Nantero 将生物医学传感器专利授权给阿尔法森瑟（Alpha Szenszor）公司，这是一家新成立的公司，也位于美国马萨诸塞州的沃本市。 阿尔法森瑟公司计划在医疗领域开发一套传感器产品，包括针对爱滋病（HIV）等传染病的便携式、高性价比的检测设备。 阿尔法森瑟的联合创始人史蒂夫·勒纳（Steve Lerner）是一位拥有 20 年的产品开发和产品化经验的行业老手。 在此期间，Nantero 还宣布正在与惠普公司合作，探索使用惠普的喷墨技术和公司的碳纳米管技术，来创建柔性电子产品和开发低成本的可打印存储应用。Nantero 使用惠普的热喷墨微流体系统研发工具来衡量公司在可打印存储应用中使用的喷墨技术，该应用具有广泛的用途，包括低成本的射频识别（RFID）标签。

2008 年夏，Nantero 宣布与 SVTC 技术公司合作，以加速基于碳纳米管的电子产品的商业化。该合作是 SVTC 使命的一部分，旨在商业化半导体、微机电系统（MEMS）和相关纳米技术领域的新工艺和设备开发，以支持 SVTC 在纳米科技领域部分设备快速量产。Nantero 与 SVTC 之间的合作，为客户提供了碳纳米管设备的开发能力，应用广泛，包括光电（太阳能电池）、传感器、MEMS、发光二极管（LED）和其他基于半导体的设备。

2008 年，Nantero 宣布了一个重大里程碑，洛克希德马丁公司收购 Nantero 政府业务部门。当时，洛克希德马丁公司是纳米技术在未来军事和情报领域的研发和应用方面的领导者。洛克希德马丁公司与 Nantero 公司签订了一项排他性许可协议，包含公司广泛知识产权组合中与政府相关的特定应用。作为购买的 Nantero 政府业务部门的一部分，包括 Nantero 联合创始人兼首席运营官布伦特·西格尔（Brent Segal）在内的大约 30 名员工加入了洛克希德马丁公司。洛克希德马丁公司的先进技术中心（Advanced Technology Center）是洛克希德马丁航天系统公司（Lockheed Martin Space Systems Company）的一个业务单元，未来将管理从 Nantero 收购的业务。具体交易条款未被披露。2008 年，Nantero 在《Inc.杂志》的“美国 500 家成长最快私营公司年度名单”中排名第 54 位，在计算机和电子类排名第二。

洛克希德马丁公司于 2009 年年底宣布，公司已于当年 5 月在美国航空航天局的一次航天飞机任务中，成功测试了 Nantero 公司的一个抗辐射 NRAM 装置，该任务涉及维修哈勃太空望远镜。该实验证明，在航天飞行的整个过程中，碳纳米管存储器可正常工作，同时在发射和返回的过程中不会失效。该任务是 NRAM 技术在空间飞行应用中的一个里程碑。

D 轮融资

2013 年，Nantero 宣布完成了 D 轮融资，融资金额 1,500 万美元。 参与本轮投资的包括之前投资人 Charles River 创投、德丰杰、Globespan 资本、哈里斯集团以及 Stata 创投资本，以及一些新的战略投资人。 新投资人中，斯伦贝谢（Schlumberger）是全球领先的石油和天然气行业技术、集成项目管理和信息解决方案供应商。 此外，迈克尔·拉姆（Michael Raam）也加入了 Nantero 的顾问委员会。 拉姆曾担任一家成功的固态硬盘（SSD）控制器公司 SandForce 的首席执行官，并在巨积公司（LSI）收购 SandForce 之后，担任巨积公司闪存组件事业部的副总裁和总经理。

2009 年年底的时候，Nantero 宣布日本半导体工业先驱人物牧村次夫（Tsugio Makimoto）已经加入公司的顾问委员会。 牧村次夫之前曾担任索尼公司的顾问，负责半导体技术。 Nantero 指出，牧村次夫在日本和全球半导体工业领域的丰富知识和经验，将有助于公司获取新的亚洲客户。

D 轮融资后的进展

2014 年，日本的一个研究团队独立证实了 Nantero 公司的 NRAM 具有优良的性能，并可用于从主内存到存储器的应用。 日本的这个 NRAM 研究小组的负责人是日本中央大学（Chuo University）科学与工程学院的电气、电子和通信工程系教授竹内健（Ken Takeuchi），他以前曾领导东芝公司的 NAND 闪存电路设计工作达 14 年之久。 2014 年在夏威夷火奴鲁鲁的 VLSI 技术和电路专题研讨会上，题为“程序速度提高 23%、功耗降低 40% 和耐用性超过 10^{11} 次的碳纳米管非挥发性存储器”的演讲公布了 NRAM 的技术细节（演讲编号 T11-3）。

E 轮融资

2015 年春，Nantero 宣布完成了 3,150 万美元的 D 轮融资。 参与本轮投资的机构的包括新投资人和之前的投资人 Charles River 创投、德丰杰、Globespan 资本，以及哈里斯集团。 新增的额外资金，用于帮助公司加快 NRAM 成为新一代存储级内存的领先者，以及成为闪存和 DRAM 的替代品。除了资金，Nantero 还增加了两位新的顾问委员会成员：斯特凡 · 莱（Stefan Lai）和胡耀文（Yaw Wen Hu），前者是英特尔公司的一位前高管，曾共同发明了 EPROM 隧道氧化物（ETOX）闪存单元，并领导了该公司的相变存储团队；后者是华亚半导体公司（Inotera Memories）的前执行副总裁和现任董事会成员，他曾在该公司负责新 DRAM 技术转让和晶片级封装的开发。 胡耀文曾是超捷（Silicon Storage Technology）公司的执行副总裁兼首席运营官，他在该公司负责 SuperFlash 技术的开发，与一个团队合作，将一种新的存储单元从概念阶段开发到大规模产品出货，并将其打造成嵌入式闪存应用的一种技术方案。

2015 年夏，Nantero 宣布，其新一代超快、高密度存储器的阵列正在日本中央大学进行独立测试。 结果显示了良好的性能和可靠性，并在“2015 年固态设备和材料国际会议”的一份技术论文中进行了介绍。 Nantero 还宣布，台积电公司（TSMC）前高管蒋尚义（Shang-yi Chiang）将加入公司的顾问委员会。 蒋先生在半导体行业拥有 40 多年的经验，包括作为台积电的联合首席运营官和执行副总裁，他在 CMOS、NMOS、双极、DMO、SOS、SOI、GaAs 激光器、LED、电子束光刻和硅太阳电池的研发上均作出了贡献。 此外，李 · 克利夫兰（Lee Cleveland）加入了 Nantero 的执行管理团队，担任设计副总裁，负责领导 Nantero 的芯片设计团队。 以前，克利夫兰曾在飞索半导体公司（Spansion）和 AMD 公司负责闪存设计。 Nantero 还宣布著名的存储行业高管艾德 · 德勒（Ed Doller）加入其顾问委员会。 德勒以前是美光公司（Micron）NAND 解决方案组的副总裁兼首席策略师，他还担任企业存储业务的副总裁兼总经理，以及首席存储系统架构师。

总结

在过去的15年，Nantero从事了基于碳纳米管的存储设备的深入研发和商业化。作为纳米技术的先驱，Nantero是第一家在CMOS生产中使用这种材料开发半导体产品的公司。Nantero的NRAM技术作为独立使用或嵌入式使用的下一代技术，其具有吸引力的技术特点包括：

- 高耐久性：被证明运行循环次数能超过闪存几个数量级
- 更快的读写：与DRAM相同，比NAND快数百倍
- CMOS兼容：在标准CMOS晶圆厂的生产不需要新设备
- 无限的可扩展性：在未来小于五纳米的尺寸下规模化生产
- 高可靠性：存储数据可在85摄氏度保留超过1,000年，在300摄氏度可保留10年以上
- 低成本：结构简单，可以是三维多层和多级单元（MLC）
- 低功耗：待机模式下的零功耗，每比特的写入功耗是NAND的1/160

Nantero的NRAM技术主要优势之一，是能够将DRAM整合到闪存。NRAM已经被证明像闪存一样，既像DRAM一样快，又具备非易失性。这些特性对寻求未来制造更小、更强大电子设备的制造商具有吸引力。NRAM技术的未来潜在应用包括即开即用笔记本电脑、新一代企业系统、虚拟屏幕、折叠平板电脑、3D视频电话以及需要大量快速内存的其他产品。这种应用瞄准了广泛的市场，包括消费性电子产品、移动计算、可穿戴设备、物联网、企业存储、汽车、政府、军事和太空。

在过去15年中，Nantero完成了8,700多万美元的融资，获得了7,000多万美元的收入，多家世界级制造工厂采用该公司的纳米技术研发新工艺。Nantero拥有十多个积极从事NRAM技术商业化的重要合作伙伴企业。NRAM样品已经证明其成品率达到可量产的水平（即99.999%以上）。其独立和嵌入

式内存应用的性能优于市场上的任何其他应用。Nantero 目前正在进行内存芯片的测试，以满足客户对新的高密度独立内存和高可靠性、可扩展的嵌入式内存的巨大需求。

通过为广泛的其他领域应用授权其大量的碳纳米管专利组合，Nantero 有潜力扩大其业务到 NRAM 领域之外。公司的商业模式与安谋国际科技（ARM holdings）类似：这家公司与 Nantero 是同行，现在每年有超过 5 亿美元的收入。随着芯片尺寸的持续缩小，量子效应显现，纳米材料的特性超过硅，Nantero 及其碳纳米管技术在整体规模超过 3,300 亿美元的半导体行业中有着充足的发展潜力。

通过 Nantero 的案例分析，我们看到了与 2012—2014 年的社交应用相比，将一项变革性的深度科学技术商业化所需付出的时间、努力和耐心。Nantero 的商业化道路超过了 15 年。与其他很多半导体和电子产品的同行公司不同，该公司在开发创新 NRAM 的过程中所取得的成就，并没有通过 IPO 接触公开资本市场获得。该公司是否能够利用公开资本市场获得成长资本，在未来仍有待观察。

Nantero 自 2001 年成立以来的发展过程，如图附 2-1 所示。

注释

1. Dean Takahashi, "Intel's Gordon Moore Speculates on the Future of Tech and the End of Moore's Law," *VentureBeat*, May 11, 2015.

融资轮次和公司部分里程碑					
2001 年	2003 年	2004—2005 年	2006 年	2007—2011 年	2012—2015 年
公司创立 A 轮：600 万美元	B 轮：1,050 万美元 硅片上大规模纳米管阵列 与 ASML 合作 莫汉・饶进入科学顾问委员会	C 轮：1,500 万美元 碳纳米管薄膜和织物的开创性专利 专利数：授予 10 项，40 项审批中 与美国巨积公司合作碳纳米管开发项目 与英国宇航系统公司联合评估基于碳纳米管的电子设备 450 万美元的奖金来自开发基于碳纳米管的抗辐射、非易失性随机存储器 O. B. 比罗斯加入董事会	解决了阻碍碳纳米管在半导体晶圆厂的大规模生产中的所有主要障碍 制造并成功地测试了一个 20 纳米的 NRAM 存储器开关，并可发展到 5 纳米以下 与安森美半导体公司合作开发碳纳米管技术 积极寻找欧洲和亚洲合作伙伴，继续推进 NRAM 的商业化	出售政府业务部门给洛克希德马丁公司 美国航空航天局在航天飞机任务中，测试了与洛克希德马丁公司联合开发的一个抗辐射 NRAM 与惠普公司合作，开发软性碳纳米管电子产品 与 SVTC 技术公司合作，加速基于碳纳米管的电子产品的商业化 将生物医学传感器授权给阿尔法森瑟公司 在《Inc. 杂志》的“美国 500 家成长最快私营公司年度名单”中排名第 54 位。	D 轮：1,500 万美元 E 轮：3,150 万美元 与惠普的半导体合作研究证实了 NRAM 具有优良的性能，并可用于从主内存到存储器的应用 牧村次夫加入公司顾问委员会 斯特凡・莱、胡耀文及艾德・德勒加入公司顾问委员会

图附 2－1　Nantero 时间表

资料来源：Nantero 公司。